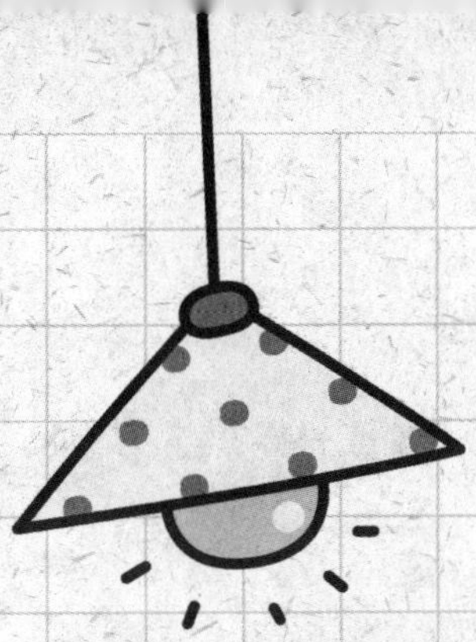

博弈人生

杨金月◎编著

哈尔滨出版社
HARBIN PUBLISHING HOUSE

图书在版编目（CIP）数据

博弈人生：专供版 / 杨金月编著.—哈尔滨：哈尔滨出版社，2019.1

ISBN 978-7-5484-4098-7

Ⅰ.①博… Ⅱ.①杨… Ⅲ.①成功心理－通俗读物 Ⅳ.①B848.4-49

中国版本图书馆CIP数据核字（2018）第109724号

书　　名：博弈人生：专供版
BOYI RENSHENG：ZHUANGONGBAN

作　　者：杨金月　编著
责任编辑：滕　达　尉晓敏
责任审校：李　战
封面设计：华夏视觉 · 李彦生

出版发行：哈尔滨出版社（Harbin Publishing House）
社　　址：哈尔滨市松北区世坤路738号9号楼　　邮编：150028
经　　销：全国新华书店
印　　刷：哈尔滨市石桥印务有限公司
网　　址：www.hrbcbs.com　　www.mifengniao.com
E-mail：hrbcbs@yeah.net
编辑版权热线：（0451）87900271　87900272
销售热线：（0451）87900202　87900203
邮购热线：4006900345　（0451）87900256

开　　本：787mm × 1092mm　1/16　印张：14.25　字数：250千字
版　　次：2019年1月第1版
印　　次：2019年1月第1次印刷
书　　号：ISBN 978-7-5484-4098-7
定　　价：39.80元

凡购本社图书发现印装错误，请与本社印制部联系调换。
服务热线：（0451）87900278

Contents

目录

八 来自金星与火星的碰撞——爱情中的博弈

九 做一个耐心的垂钓者——成功与博弈

一 每天学点博弈论

——关于博弈

阅读指南：

“要想在现代社会做一个有文化的人，你必须对博弈论有一个大致了解。”

——保罗·萨缪尔森

博弈论又被称为对策论（Game Theory），它是现代数学的一个新分支，也是运筹学的一个重要组成部分。

博弈论是一种抽象的游戏，也是一种概率决策。

查尔斯说：“数学不会带来真理，你知道为什么吗？因为它太闷了。”

你可以不学数学，但是你必须了解博弈。

生活中，三方制衡无处不在，我们要学会相互牵制，相互平衡。

博弈是美丽生活的主角

◆ **关键词：** 博弈论

◆ **重要概念：** 博弈论又被称为对策论（Game Theory），它是现代数学的一个新分支，也是运筹学的一个重要组成部分。诺贝尔经济学奖得主Robert Aumann教授这样理解博弈论：“它是研究互动决策的理论。所谓互动决策，即各行动方［即局中人（player）］的决策是相互影响的，每个人在决策的时候必须将他人的决策纳入自己的决策考虑之中，当然也需要把别人对于自己的考虑纳入考虑之中……如此迭代考虑情形、进行决策，选择最有利于自己的战略(strategy)。”

◆ **精彩案例：** 王子的选择　电影院停电　10秒钟减速

当代凯恩斯主义的集大成者、经济学的最后一个通才——保罗·萨缪尔森曾说过：“要想在现代社会做一个有文化的人，你必须对博弈论有一个大致了解。”在今天这个尔虞我诈、竞争激烈的社会中，要想拥有一个美丽的人生，不付出汗水怎么行？不绞尽脑汁又怎么行！而我们绞尽脑汁思考的过程，其实就是博弈。

生活在当今这个利欲熏心的社会圈子里，如果不了解博弈论，就难以立足，更别提出人头地。下面，我们通过一些事例来简单地了解什么是博弈。

丽莎和莉莉本是一对形影不离的好姐妹，都出落得如花似玉、倾国倾城，她们从不曾因为女孩天生的嫉妒心理而想过让另一方从眼前消失，反而姐妹情深，总希望两人能继续生活在一起。可这样一来，她们就不得不面对一个问题：当心仪的王子骑着白马向自己招手时，是否应该向另一方（姐姐或妹妹）坦白自己即将丢下对方随恋人而去？假设王子和丽莎早已定情，对于丽莎来说，她有两个战略，“坦白”或者“隐瞒”。如果她向莉莉坦白自己有了“单飞”的愿望，莉莉作为“无辜”的一方(前提是莉莉并不知道丽莎的行为)就在二人关系中占据心理优势，那么，丽莎自己将处于弱势状态。如果她决定隐瞒，则将背负良心上的谴责。当然，这个博弈是对称的，姐妹俩换谁都会处于两难之境。

有趣的是，王子骑着白马狂奔而来，可当他看到同样貌美如花的莉莉时，居然显得比丽莎还要迟疑。但是王子不能贪心，因为他答应过国王只能在民间选择一个少女为妻，所以他现在只能在姐妹二人之间选择一个，把她带回金碧辉煌的皇宫一起享受高贵的生活。而没有被选上的那一个，则必须远远地离开他的王国。可是，王子该选择谁呢？丽莎还是莉莉？

这个时候，其实姐妹两人只要一方先向王子跨近一步，这一方就会成为王子要选的人，与王子一起过上甜蜜的生活。可是姐妹两人谁都没有这么做，她们还在迟疑中。很显然，如果她们其中一方要跨出一步，那么另一方最好是等待；如果一方等待，那么另一方最好是选择跨过去。因为如果两人同时跨过去，那么显然就不符合王子只选一个的要求。如果两人都等待，那么时间如梭，从眼前一闪而过，谁都没有与王子去皇宫的机会。

这就是博弈。好比当你在电影院欣赏影片的时候，电影院大楼突然停电，无法确定来电时间。此时在你面前只有两个选择，一是继续坐在原地等待；一是赶紧摸黑儿离开电影院。如果你选择前者，那么不知道要等到什么时候，等待的滋味很难受，而且黑暗中很有可能发生意外；如果选择后者，那么其他人也要争抢着从电影院离开，你可能会因为拥挤而被活活踩死，或迟迟走不出去。转过来想，如果你迟疑不选，就很可能错失良机！何去何从，全看你怎样去博弈。

显然，博弈论为不确定性决策问题提供了另外一种分析视角。准确地说，博弈论是研究具有斗争或竞争性质现象的理论和方法，它既是现代数学的一个新分支，也是运筹学的一个重要学科。诺贝尔经济学奖得主Robert Aumann教授这样理解博弈论："它是研究互动决策的理论。所谓互动决策，即各行动方［即局中人（player）］的决策是相互影响的，每个人在决策的时候必须将他人的决策纳入自己的决策考虑之中，当然也需要把别人对于自己的考虑纳入考虑之中……如此迭代考虑情形、进行决策，选择最有利于自己的战略(strategy)。"

一个节假日，我们驱车远行。这时路边偶然发生一起交通事故，如果许多路过的司机都想减速用10秒钟时间看个究竟，那么这段公路就会发生拥堵。结果，为了看上10秒钟，每个人都损失十几乃至几十分钟。这也是博弈论，一种典型的囚徒困境博弈的格局。

现在可以这样认为：有生存就会有博弈。为了寻求自身的利益，人类之间的博弈不可避免。而在一场博弈中，你必须考虑对方的选择，并以此来确定利于你的最优选择。同样，对方也会如此。

换个方式来理解，博弈之所以重要，是因为在现实生活中它几乎无处不在。比如，在游戏中，我们必须通过博弈来分出胜负；在购物时，我们不能确切地知道产品质量是否良好，要通过博弈才能做出选择；在恋爱中，我们要想确切地知道恋人爱自己有多深，也得通过博弈；在政治领域、军事领域，博弈都是帮助我们确切地判断对手实力的必需“工具”……

因此我们说，有生存就有博弈。你要面对它，接受它，运用它，驾驭它。假若每天学一点博弈的知识，我们的人生就更加多彩，更加圆满，更加富有激情。

不学数学也能学好博弈论

◆ **关键词：** 俄罗斯轮盘赌

◆ **重要概念：** 俄罗斯轮盘赌是一种残忍的博弈游戏。与其他使用扑克、骰子等赌具的赌博不同，俄罗斯轮盘赌的赌具是左轮手枪和人的性命。即在左轮手枪的六个弹槽中放入一颗或多颗子弹，任意旋转转轮之后，合上转轮。参加者轮流把手枪对着自己的头，扣动扳机；中枪的当然是自动退出，怯场的也为输，坚持到最后的就是胜者。

◆ **精彩案例：** 吃了败仗的沙俄士兵　侥幸的格雷厄姆·格林　死在枪下的摇滚歌手

有人说，学不好数学的人，根本学不懂博弈论。因为博弈论牵扯到很多概率的问题，是需要计算的。真的是这样吗？当然不是，孙膑没有学过高等数学，但他通过运用博弈策略来帮助田忌赢得赛马，传为佳话。在电影《美丽心灵》中，主角查尔斯也说过："数学不会带来真理，因为它太闷了。"博弈论是一种有趣而且实用的学科，你可以不学数学，但是必须要学博弈论。

设想你和朋友玩抛硬币的游戏，若抛得硬币正面，你将从朋友处赢得一顿大餐；若抛得硬币背面，你将输给朋友一顿大餐。这样的游戏当然也是博弈。只不过，在这个博弈中你究竟会赢还是会输，结果是不确定的。这样的博弈中，胜负似乎并不决定于谁的策略技巧更高，而取决于谁的“运气”更好。

你可以把博弈和博弈论看作一物，它不神秘。简单地说，它就是一种游戏，一种可以分出胜负的游戏，而且，生活中随处可见这样的游戏。

人们常说，世事如棋。现实生活中，我们每个人都可以是一个棋手，在一张看不见的棋盘上布局。而我们每走一步棋的相互揣摩与牵制，就是博弈。博弈让我们在下棋、布局时更加理性化、逻辑化，促使我们在错综复杂的相互影响中寻找到最合理的策略，获取最优势的利益。

我们每天都会面对各种各样的博弈，小到玩一个扑克游戏，大到卷入一场战争。我们几乎每时每刻都在为赢得利益而努力。这种努力，对有的人来说，是一种痛苦和煎熬，而对有的人来说，却是一种快乐，一种游戏。曾经有一个参加了海湾战争的美国飞行员在回国后，对严酷的战争做了如下理解：就像在玩电脑游戏。

的确，博弈是一种抽象的游戏。有些游戏，虽然参加者不止一个人，存在好几个利益冲突的博弈方，但是博弈的结果很大程度上却依赖于“运气”而不是互动策略的考量。这个时候，就要看参加者对此博弈采取什么样的态度。乐观者，即使倒霉也不在乎；悲观者，即使得利也内心沮丧，心力交瘁之际根本体会不到成就感。

比如曾经有这样一个极端残酷的博弈游戏：在一支可装六发子弹的左轮手枪里，只放一颗子弹，随机地一转后，要求两个人轮流用手枪对准自己的头部开枪，直到其中一名战俘中枪，另一名战俘才逃过一劫。这种残忍的赌命方式，在第一次世界大战期间，几乎成为吃了败仗的沙俄士兵每晚必玩的游戏。尽管频频有人惨死在枪下，但这种惊险刺激的游戏还是在俄罗斯流行起来，也就是我们常听说的“俄罗斯轮盘赌”。

实际上，我们可以把这个游戏看作是不确定性环境的单人概率决策问题。一般来说，这种问题的关键是参与人要选择出最有可能制胜的策略。然而，对于“俄罗斯轮盘赌”来说：谁都没有选择制胜策略的优势。因为，这是一个纯粹凭运气的博弈。子弹装上再一转之后，子弹的位置就已经固定下来，实际上在这个时候，就已经确定了是谁死亡：如果子弹恰好在1、3、5的奇数位置，那么先发者就将死亡；如果子弹在2、4、6的偶数位置，那么死亡者就是后发者。而子弹进入1、3、5以及进入2、4、6的概率各为1/2。也就是说，先发者和后发者的死亡概率均为1/2，谁生谁死全凭运气。

当然，参加这个残酷的博弈的人，大都把它视为一种刺激的游戏，即使面临死亡威胁，也玩得乐此不疲。英国作家格雷厄姆·格林曾把“俄罗斯轮盘赌”比作一剂良药，他认为，用这样的方式自杀简直刺激极了。上大学期间，他曾在宿舍里和室友疯玩这种游戏。不可思议的是，上天每一次都把生的机会留给了他，而他的同伴们则逐个走向了死亡。不过，格雷厄姆·格林并没有因此感谢上帝，他死去的同伴也没有在扣动死亡扳机前表现出惊恐与懊悔。因为，在他们的心里，这种令人胆战心惊的生死博弈只不过是一种轻松的游戏。

选择这种博弈游戏的人，大多有超乎常人的心理素质。1978年，美国芝加哥摇滚乐队的首席歌手特里·卡什就死在这个游戏中，人们永远记得他临死之前口里念叨的那句话：“没事，这一发没装子弹。”

实际上，通过这个博弈不难看出，日常生活中，人们在面对复杂事物时，常常落入只见树木不见森林的陷阱，找不到生活的重心。而在游戏中，人们却可将现实世界的问题抛开，即使明知结局是死也照玩不误。或许，这也是博弈的魅力所在。

不过，现实生活中我们可千万不要拿自己当枪靶子，枪下冤魂不能做，刀下之鬼更不可做，毕竟博弈的最终目的是获取利益，而不是一死了之。其实，并不是所有游戏都凭借运气，大多数情况下，胜负靠的是实力与技巧。博弈论就要求我们考虑怎样将自己的优势最大限度地发挥出来，并应用于生活的方方面面。

博弈的目的是获得利益

◆ **关键词：** 合作博弈　零和博弈　合作常量博弈　负和常量博弈　变和博弈

◆ **重要概念：** 合作博弈亦称为正和博弈，是指博弈双方的利益都有所增加，或者至少是一方的利益增加，而另一方的利益不受损害，因而整个社会的利益有所增加；零和博弈又称“零和游戏”，与非零和博弈相对，是博弈论的一个概念，属非合作博弈，指参与博弈的各方，在严格竞争下，一方的收益必然意味着另一方的损失，博弈各方的收益和损失相加总和永远为“零”。双方不存在合作的可能。

◆ **精彩案例：** 美人计　诺曼底登陆

在激烈的斗争中，我们往往要面对实力强悍的劲敌。比如，当我们排着长长的队伍购买演唱会门票时，突然，一个身材魁梧、凶神恶煞的大汉横冲直撞，霸道地挡在了我们的前面。这个时候，被恶意插队的我们，是要跟他血拼，还是要可怜巴巴地忍受呢？显然发生流血冲突事件只会是我们自己吃亏，而忍气吞声又助长了他的嚣张气焰。在这样的局面下，我们就只有运用博弈，通过博弈来分化、瓦解对手，这样既保护了自己、打击了“敌人”，又取得了这个斗争的胜利，杀鸡儆猴，让那些偏执、为所欲为的人在道德面前引以为戒。那么，我们究竟要怎样博弈呢?

首先，我们要明白，博弈的目的是什么？那就是通过竞争赢得利益。在与对手竞争时，争取最大程度的胜利。

东汉末年，飞扬跋扈、残暴不仁的董卓把持了朝政，生活在他的淫威之下的百姓，苦不堪言。这时，司徒王允一心想要杀掉董卓，但由于董卓势力强大，又有猛将吕布在旁护卫，所以司徒王允迟迟找不到下手的机会，但他一直在努力寻找着董卓的破绽。

终于，司徒王允想出了一个计策。他知道董卓和吕布都是好色之徒，于是将美若天仙、国色天香的侍女貂蝉假意许给吕布，之后却又偷偷将貂蝉送到了董卓的府上，试图以此来离间吕布和董卓的关系。果然，喜爱貂蝉至极的吕布听闻貂蝉在董卓府上后醋意大发，勃然大怒，恨不得立即冲到董卓的府上将她抢过来。

此时，司徒王允趁机请吕布喝酒，煽风点火，激将吕布弃董卓而投天子。一切都在掌控之中，怒火冲天的吕布果真将董卓杀死。

可见，司徒王允在这场博弈中成为了赢家。他所用的一系列手段和计谋，完全是冲着达到目的、赢取利益来的。首先，他清楚地认识到，如果与董卓硬拼的话，无疑就是以卵击石。因此，他选择了风险最小、效益最高的方式——离间董卓与其猛将吕布的关系，从内部将董卓的力量瓦解。然后恰如其分地运用了董卓和吕布好色的弱点，使一出“美人计”，并在旁煽风点火，激将吕布与自己合作，一起除掉董卓。这样，自己如愿以偿地达到了除掉董卓的目的，吕布也抱得美人归。

现在回头来看开头提到的插队的例子。其实我们完全可以想办法联合一些强势的人，将其轰走。因为单打独斗，显然不仅会吃亏，还达不到目的，最终只会白白流血。

从博弈学的角度来看，这种为达目的所采取的拉拢一方来击败另一方的手段，就叫合作博弈，或正和博弈。在合作博弈中，由于有大量的资源可供争夺，所以竞争主要是围绕着对资源的争夺来展开的，一般来说，资源越丰富攻击性越弱，极端情况是资源无限，不会和任何人发生争夺，只看你自身的占有能力。

在资源不太丰富的合作博弈中，既存在对无主资源的抢占，也存在对别人所占有资源的攻击和面对别人的攻击采取的防守，只有在别人的攻击下不会被夺走的占有物才是稳定的。但合作博弈只是博弈中的一种，有的博弈方所得的总和是零，比如一个人所赢的就是另一个人所输的，这时最容易引发激烈的竞争。在零和博弈中，没有无主的资源可争，占有的唯一方法是剥夺他人的所有，发掘自身的潜力主要向攻击他人的方向发挥，这时可称之为攻击意识。

当年英美盟军准备在诺曼底登陆的时候，就通过制造假象，使德军无法摸清盟军确切的登陆地点，最终掌握了战争的主动权。那次战役发生在1944年，是第二次世界大战中盟军在欧洲西线战场发起的一场大规模战役。

当时为了达到登陆的最佳效果，同时为了减少盟军的损失，英美盟军采取了空军佯动的计谋，运用双重特工、电子干扰，以及在英国东南部地区伪装部队及船只的集结等一系列措施，使德军统帅部在很长时间里对盟军登陆地点、时间都做出了错误判断。最终让德军疲于奔命，被拆分得七零八落，继而盟军掌握了战争的主动权。实际上，盟军所赢得的主动权，正是德军所丧失的。

从这个例子不难看出，在零和博弈中，一个人的胜利必然建立在其他人的失败之上，自己的赢就等于别人的输。自己对对手要有攻击意识，对手对自己也具有攻击意识。博弈中，谁都不想输，因而彼此在努力寻找着对方的漏洞，以便有机可乘，一招毙命。所以，我们在零和博弈中，不但要有攻击意识，还要注重稳健。

事实上，博弈的特点是各博弈方在竞争某种资源，并以得到利益的多少来判断胜负，合作博弈和零和博弈只是博弈中的两个分支。根据所竞争的资源性质，博弈还有以下几个分支：

合作常量博弈

合作常量博弈即各方所得是恒定的正值。随着这个值的增大，竞争的激烈程度将逐渐减少，当资源丰富到足以满足竞争各方的需求时，则接近无限资源，不会引发竞争；当资源总量远远少于各方的总需求量的时候则接近零和博弈，会引发激烈竞争。

负和常量博弈

负和常量博弈即竞争的结果，各方所有的总和将比竞争开始的少。

变和博弈

变和博弈的总体效果决定于各参与方所采取的行动，这种博弈中可以产生合作行为，即各博弈方为了争取获得更大的总利益而采取合作行为，必要时可牺牲暂时的利益以获得长远的更大利益。

现实生活中，人的行为互相作用、互相影响，我们在看待和考虑事情的时候，一定要运用策略思维，使自己的利益达到最大化。

信息是博弈的关键

◆ **关键词：**信息完美博弈　信息不完美博弈

◆ **重要概念：**如果在博弈进行过程中，每个参与方都可以得知其他各方都进行了哪些操作，目前处于什么状态，则称为信息完美博弈；博弈在进行过程中各方并不完全了解其他各方的选择，其他各方的状态对他是不透明的，这就是信息不完美博弈。

◆ **精彩案例：**台球　麻将　军事活动

人类今天已进入崭新的信息化时代，信息的传播极大地改变了人们的生活面貌，在信息化的推动下，人类社会的发展速度令人目眩。那么，信息到底是什么呢？通俗地说，信息就是消息。一切存在都必须有信息，博弈论也不例外，信息是博弈的关键。

任何博弈的决策都需要信息，但几乎所有需要决策的场合中，我们掌握的信息都十分有限。比如在军事领域中，我们不能确切地知道对手的实力，也不能准确知道对手的进攻路线。总之，自然的和人为的不确定性，使我们在进行决策时往往会受到有限信息的约束。那么，在有限信息的约束下，我们如何与对手展开博弈呢？

俗话说，知己知彼，方能百战百胜。我们首先要了解对手，根据对手对博弈局面的了解程度来把握博弈的制胜关键。一般来说，博弈分为信息完美博弈和信息不完美博弈。如果在博弈进行过程中，每个参与方都可以得知其他各方进行了哪些操作，目前处于什么状态，则称为信息完美博弈。举一个简单的例子，我们可能常去锻炼身体，两人打打台球，练练羽毛球、乒乓球什么的，其实这些都属于信息完美博弈。因为在两人对打的过程中，双方对当前局势一目了然，整个博弈过程中的信息是完全透明的。你进了几球、得了几分，你扣了几球、得了几分，他赢了几球、得了几分，失误几球、丢了几分……这些彼此都十分有数。就好比下棋，围棋、象棋中，双方对棋盘上的情形都了如指掌，在各种信息处于透明状态下进行博弈——这些就是信息完美博弈。要想在信息完美博弈中取胜，其实我们更多的是依靠专业能力和良好的心理素质，在对现有信息一目了然的同时，要对对手的下一步计划做出准确的分析和判断。

而在进行过程中各方并不完全了解其他各方的选择，其他各方的状态也是相对不透明的，各方都不知道别人的情形，这在博弈中称为信息不完美博弈。一般来说，现实生活中有很多信息不完美博弈的例子，比如打麻将，我们无法知道别人手中抓了什么牌，也无法预测他下一张会出什么牌，所有信息基本上都是不透明的。这个时候，要想取胜的话，我们就应分析对手可能有什么牌，再根据信息明确地判断当前对手所处的状态。当然如果分析到的信息不够确切，我们就只能确定几种可能出现的情况，某些情况的可能性大而某些情况的可能性小。

当不能确定对方到底处于什么状态时，我们就只能在保证自己的策略得分的基础上，做最坏的考虑，先设想对手现在的状态十分不利，再根据对手出现此种情况的概率计算出每一招的综合战绩，并据此决定采用什么招数。为了自己的判断更加准确，我们有时候必须要主动地采取行动，捕捉对方的信息，比如在出牌的时候，用出一些生僻的手段试探对手的情况。

好比我们在军事对抗中，敌对双方都尽量隐藏自己的真实意图，暗中调兵遣将、巧布阵型，以便给对手突然袭击，让对手措手不及。这个时候，双方指挥员必须在不明了对方情况的形势下制订作战计划。为了获得敌人的信息，双方都可能在正式进攻之前，做出佯动，以试探敌方阵地的情况，为正式进攻做准备。

实际上，无论简单的打麻将还是残酷的军事作战，在分析博弈状态的时候，只要没有直接清晰的信息源，我们就必须要查找并根据线索来判断对手情况，采取相应措施来实现胜利。简单地说，在常见的信息不完美博弈中，我们通常要做的，就是怎样获取更多的信息和怎样利用这些信息来判断博弈态势。

生活中有数不尽的“麻将超人”“纸牌领袖”，历史上也有不少常胜将军、铁血英雄，他们无疑都是博弈的最佳驾驭者，尤其是信息博弈的高手。

随处可见的三方制衡

◆ **关键词：** 多人博弈　三方制衡

◆ **重要概念：** 博弈论中把两人以上参与的博弈称为“多人博弈”；在现实生活中，三个参与人因为各自的不同特点而产生互相牵制的结果，由此引发三方形成一个三角形互相制约的博弈形态。我们把这种形态称为三方制衡。

◆ **精彩案例：** 知识抢答　三国博弈

某公司举行一次专业技能比赛。选手甲对专业知识的熟悉程度是80%；选手乙对专业知识的熟悉程度是60%；选手丙对专业知识的熟悉程度只有40%。现在，这三人要面临一次最后的比拼。规则是这样的，甲、乙、丙三人要同时从主持人那里抢答问题，谁先答对谁就获得一个提问优先权，并利用优先权向自己的任意一个对手提出一个高难度的专业问题。如果对手答错了，自己就赢得下一次竞争机会，而对手则被淘汰。反之，自己主动退出。

现在请问，这三人中，谁被淘汰的概率最小呢？肯定有不少人会认为是甲。因为这三人中，只有甲的专业知识最丰富。其实，答案并不如此肯定，这里牵扯到博弈中的三方制衡的问题。

博弈论中把两人以上参与的博弈称为“多人博弈”；在现实

生活中，三个参与人因为各自的不同特点而产生互相牵制的结果，由此引发三方形成一个三角形互相制约的博弈形态。我们把这种形态称为三方制衡。

就上面的三人博弈来说，丙被淘汰出局的可能性是最小的。或许你会觉得奇怪，但事实确实如此。假设甲先抢到了提问优先权，那么他的想法当然是先淘汰实力比自己稍逊的乙，这样他就排除了最大威胁。而同样，对于乙来说，如果能够先淘汰三人中实力最强的甲，那么他获得最终胜利的概率显然就大很多。因此，甲乙两人的第一选择，都应该是竭力淘汰实力相当的对方。此时，作为三人中实力最弱的丙相对两人而言最不具有威胁，所以是暂时最安全的。当然，若是丙抢到了优先权，他自然也会选择向甲提问，因为无论如何，乙对他的威胁性都要比甲对他的威胁小。

现在我们来看一看，第一轮抢答之后的情况：甲被淘汰的概率是90%，乙被淘汰的概率是80%，丙则是100%的安全。显而易见，在第一轮竞争中，丙是胜利者。

那么，如果现在换一种规则，即三个人轮流提出问题，每人只能提一次问题，那么谁的胜利概率最大呢？

这就要涉及排序的问题，但无论如何，丙胜利的机会都是三人中最大的，至少在第一轮，他是胜利者，已经少了一个强劲的对手，而且他还很有可能在第二轮获得先提问的机会。

假设甲先提问，其后是乙和丙。甲的第一选择自然是乙，如果甲的问题难倒了乙，那么就轮到丙提问了，他至少还有一半的机会赢得最后的胜利；如果甲的问题没有难倒乙，那么乙一定会向甲提问，这样下一轮还是轮到丙提问。因此，丙还是获胜概率最大的。不过这里要注意一点：如果首先提问的人是丙，他应该如何抉择呢？

如果他向甲提问，甲回答正确的话，甲也不太可能会回击，因为丙毕竟不是他最大的威胁，可是如果甲真的没有答上丙提的问题，那么主动权就落到了乙的身上；如果丙先向乙提问也是同样的道理，到最后，他也占不到优势。

那么，这个时候，丙的最佳策略是什么呢？为了保持这种相互制衡、相互牵制的局面，并为自己赢得安全甚至是通往胜利的地位，丙只有千方百计不提问。

这就是三方制衡，生活中，我们随处可见这样的例子。但并不是三方中实力最弱的就是最安全的，有时候我们还应根据具体情况来分析，比如三国博弈中的一个例子。

有一部电影叫《赤壁》，里面就存在明显的三方制衡的博弈形态。“赤壁之战”中，曹操实力最强，孙权次之，刘备最弱。这个时候，孙权和刘备都一致将对手设定为曹操，并联合成对抗曹操的同盟。而在这场博弈中，几乎没有谁是最安全的。曹操面临孙刘联盟的攻击，而孙权的地位也不稳定，因为对上，如果曹操不被消灭，他始终受到威胁；对下，刘备随时可能为了自身的利益而背叛。而刘备呢，虽然暂时与孙权结成了联盟，但实力的悬殊不容他有任何侥幸心理。

可见，三方制衡无处不在，我们必须要学会分析在这个制衡关系中存在的各种可能性，并运用相互牵制的关系，获得某种暂时性平衡。

二 快乐地较量
——博弈与心计

阅读指南：

“囚徒困境”是非常普遍而有趣的简单抽象思维，可以说是人类社会活动最形象的比喻。

诺贝尔经济学奖获得者萨缪尔森有一句幽默的话：“你可以将一只鹦鹉训练成经济学家，因为它所需要学习的只有两个词：供给与需求。”博弈论专家坎多瑞(Kandori)引申说：“要成为现代经济学家，这只鹦鹉必须再多学一个词，这个词就是‘纳什均衡’。”

在零和博弈中，心理上的相互猜测和推诿，成为博弈双方做出判断的主要诱因。

人与人的对局，其实是一种心理的博弈。假如说话办事不懂策略，或者因为受到他人的诱惑而不能以冷静的头脑应对，那么就很容易陷入别人布下的陷阱。

无形的手——囚徒困境

◆ **关键词：** 囚徒困境

◆ **重要概念：** 囚徒困境（Prisoner's Dilemma）是博弈论的非零和博弈中具代表性的例子，反映个人最佳选择并非团体最佳选择。虽然困境本身只属模型性质，但现实中的价格竞争、环境保护等方面，也会频繁出现类似情况。

◆ **精彩案例：** 审讯犯罪嫌疑人　诚实的大双小双

1950年，数学家塔克任斯坦福大学客座教授，在给一些心理学家做演讲时，讲了一个囚徒困境的案例。

假设有两个小偷A和B联合作案被警察抓住。警方将两人分别置于不同的两个房间内单独进行审讯，对每一个犯罪嫌疑人，警方给出的政策是：如果一个犯罪嫌疑人坦白了罪行，交出了赃物，那么证据确凿，两人就都被判有罪；如果另一个犯罪嫌疑人也做了坦白，则两人各被判刑8年；如果另一个犯罪嫌疑人没有坦白而是抵赖，则以妨碍公务罪（因已有证据表明其有罪）再加刑2年，而坦白者有功被减刑8年，立即释放；如果两人都抵赖，则警方因证据不足不能判两人的偷窃罪，但可以私入民宅的罪名将两人各判入狱1年。

如果用表格的形式来将上述情形表现出来，那么我们的思维会变得更加清晰：

A\B	坦白	抵赖
坦白	-8，-8	0，-10
抵赖	-10，0	-1，-1

这个案例被称为囚徒困境博弈。从案例中不难看出，显然最好的策略是双方都抵赖，这样的结果是大家都只被判1年。但是由于两人处于隔离的情况，首先应该从心理学的角度来看，当事双方都会怀疑对方会出卖自己以求自保，其次才是亚当·斯密的理论，假设每个人都是“理性的经济人”，都会从利己的目的出发进行选择。那么，这两个人很可能都会有这样一个盘算过程：“假如他坦白，我抵赖，我就得坐10年牢，坦白最多才8年；他要是抵赖，我就可以被释放，而他会坐10年牢。综合以上情况考虑，不管他坦白与否，对我而言都是坦白了划算。”实际上，两个人都会这样盘算，因此，两个人在最后都选择了坦白，结果都被判8年刑期。

这个例子影射到现实生活中也很有意思。大双小双姐妹俩一起偷了妈妈的一百元钱，事后妈妈发现钱不见了。妈妈语重心长地对她们进行了一番教育后，要求两人诚实地交代谁偷的钱。可是两个孩子脾气犟，大有“打死我也不说”的势头。无奈之下，爸爸出面了。他笑嘻嘻地领着大双进了另一间屋子，对大双说：“大双，好孩子，诚实的孩子最乖，爸爸妈妈也最疼。做人的基本原则就是诚实啊！你要是勇敢地承认错误，爸爸妈妈绝对不会惩罚你，还会表扬你勇敢。但是你要不承认错误，以后可就没人疼你了。因为小双肯定会在你之前承认错误的，她最听妈妈的话了，你也知道。”而客厅里，妈妈也对小双进行着此番教育。结果，大双小双几乎同时承认了错误。

可见，“囚徒困境”是非常普遍而有趣的简单抽象思维，可以说是对人类社会活动最形象的比喻。它准确地抓住了人性的不信任和需要防范这一点，利用人们多疑的心理活动，像一只无形的手，指挥着人们做出选择。从个体的角度来说，背叛是最好的选择，但背叛也会导致不理想的结果。

铁心不合作——纳什均衡

◆ **关键词：**纳什均衡

◆ **重要概念：**纳什均衡，又称为非合作博弈均衡，其定义为：假设有n个局中人参与博弈，给定其他人策略的条件下，每个局中人选择自己的最优策略（个人最优策略可能依赖于也可能不依赖于他人的战略），从而使自己利益最大化。所有局中人策略构成一个策略组合。纳什均衡指的是这样一种战略组合，这种战略组合由所有参与人的最优策略组成。即在给定别人策略的情况下，没有人有足够理由打破这种均衡。

◆ **精彩案例：**两个店主　围棋定式

诺贝尔经济学奖获得者萨缪尔森有一句幽默的话："你可以将一只鹦鹉训练成经济学家，因为它所需要学习的只有两个词："供给与需求"。博弈论专家坎多瑞(Kandori)引申说："要成为现代经济学家，这只鹦鹉必须再多学一个词，这个词就是'纳什均衡'。"由此可见，纳什均衡在现代经济学中极其重要。

亚当·斯密认为，在市场经济中，每一个人都从利己的目的出发，而最终全社会达到利他的效果。但是我们可以从"纳什均衡"中引出一个悖论：从利己目的出发，结果损人不利己，既不利己也不利他。

有这样一个例子，张嫂、王嫂分别在街对面开了个小店，卖些水果。一天，几个顾客结伴而来，先到了左边张嫂的铺子，问芒果多少钱一斤，张嫂说5元。几个顾客中的两人又到了右边王嫂家的铺子，王嫂也说5元。这时，有人就对王嫂说："刚问了对面的大姐，人家才3元5角钱一斤。"王嫂一听，心里琢磨了一会儿，最终相信了顾客的话，并说："我家的水果新鲜的，不过3元5角钱一斤也能卖你。"

于是，又有人对张嫂说："我朋友在对面问的，3元5角钱一斤卖我们。"张嫂着急了，心想：这个价格每斤赚得不多啊，那王嫂看来是存心要挑衅了，好，我就陪陪她。于是，张嫂为了招揽这群顾客，又说："你们要是买得多，我3元钱一斤卖给你们。"

最终，王嫂没卖出去芒果，但是认为自己并不屑去赚一点点薄利，所以不后悔；张嫂卖出去了芒果，尽管只赚回了本钱，但她认为自己没有损失什么；而顾客呢，自然也很满意最后的结果。

可见，纳什均衡是指一个不会令人后悔的结果，无论其他人怎样做，各方对于自己的策略都很满意。在纳什均衡中，你不一定满意其他人的策略，但你选择的策略应是对付对手的最优策略。纳什均衡中的各方决不会合作，而且总是认定自己无法改变对手的行动。

从博弈论的角度来说，纳什均衡，又称为非合作博弈均衡，是博弈论的一个重要术语，以约翰·纳什命名。纳什均衡的定义为：假设有n个局中人参与博弈，给定其他人策略的条件下，每个局中人选择自己的最优策略（个人最优策略可能依赖于也可能不依赖于他人的战略），从而使自己利益最大化。所有局中人策略构成一个策略组合。纳什均衡指的是这样一种策略组合，这种策略组合由所有参与人最优策略组成。即在给定别人策略的情况下，没有人有足够理由打破这种均衡。

实际上，在日常生活中，纳什均衡是随处可见的，要想赢取最终的利益，就得博弈彼此的心计。

围棋可能是世上最简单的游戏，同时也是最复杂的博弈。它大约源于4000年前的中国，但到现在我们也未必真正弄明白了它。围棋有最简化的棋盘——纵横各19条线编织而成的一张网；最简化的棋子——只分黑白两色；最简单的规则——轮流下棋，两气活棋，空多者胜，再加上一些“劫争”之类的补充规定，一个对围棋一无所知的人也能在几分钟内学会，可是它的玄妙却又超过了任何一种棋类游戏。如果你在围棋上下过一些功夫，你就一定能悟到不少博弈的制胜理论。在下围棋时，围棋的19×19的361个交叉点就是围棋对弈者所得的总和，所以围棋棋手非输即赢，且坚决不合作。

从博弈角度来看，围棋棋手间是一种坚决不合作的博弈形态，也就是纳什均衡。围棋初段到九段的差别取决于他们策略选择技巧的高低。比如过分的“骗着”“本手”与“缓着”之间，一般都会选择“本手”。着法过分如不遇反击，可能占到便宜，如遇反击则可能吃亏，因此如果两人下棋水平差不多，应考虑到对手的反击手段。对手也会考虑到在追求利益过程中不可能占尽便宜。这就是双方都能接受的方案。如果两人的策略是抢占实地，假设一方获得外势，另一方获得现实利益，而结果相当于互有所得，那双方就愿意那样下棋。为了获得现实利益，获得外势双方都要考虑将来的发展，这就形成了一个双方的“均衡”。当然，从具体布棋效果来看，如果一步棋能考虑到对手的各种反应而依然成立，对手也用同样法则找到了这步棋的应对方法，那么就可以说双方达成了“均衡”。

生活中有太多关于纳什均衡的例子，实际上，纳什均衡的思想并不复杂，在博弈达到纳什均衡时，局中的每一个参与者都不可能因为单方面改变自己的策略而增加利益。于是双方为了达到自己利益的最大化而选择了某种最优策略，并与对手达成一种暂时的平衡。而在这个选择过程中，双方的心理博弈占了很大的成分。

“推皮球”的心理——零和游戏

◆ **关键词：** 零和游戏

◆ **重要概念：** 游戏者有输有赢，但整个游戏的总成绩永远为零。

◆ **精彩案例：** 三个和尚没水喝　公司部门之间的关系　不养路的人

前面已经提到过零和博弈，实际上，零和博弈也可称作零和游戏。零和游戏是指游戏者有输有赢，但整个游戏的总成绩永远为零。在日常生活中，随处可见零和游戏，人们通常将其看作“推皮球”的心理。

零和游戏有一个典型的例子，就是三个和尚没水喝的故事。

话说山上有一座庙，庙里住着一个小和尚。小和尚每天挑水、念经、敲木鱼，给观音菩萨的净水瓶添水，夜里守护着庙宇，不让老鼠来偷东西，生活过得安稳平静。不久，庙里来了个高个子和尚，他一到庙里，就把小和尚挑来的半缸水喝光了。小和尚不满，就叫他去挑水，但精明的高个子和尚觉得自己一个人去挑水两个人吃，实在有些吃亏，于是便要求小和尚与他一起去抬水。由于两人都怕吃亏，因此两人每次只能合抬一只水桶，而且水桶必须放在扁担的中央，这样两人才能心安理得。后来，庙里又来了个胖和尚。他也想喝水，但缸里没水了。小和尚和高个子和尚就叫他自己去挑水，结果胖和尚只打来够自己一人喝的水，并独自将其喝光了。从此，这三个和尚谁也不挑水，你推我，我推你，像推皮球一样，久而久之，三个和尚就没水喝了。

无独有偶，类似这样的例子在生活中还有很多。美国一家公司有七个部门，这七个部门平时各司其职，员工相处得还算融洽。有一次，公司有一个大项目需要这七个部门共同参与，并且要从这七个部门当中选择一个领头部门，专门负责策划此项目，其余六个部门则执行。结果，这七个部门都害怕担当责任，且害怕其余六个部门不听使唤而造成不必要的麻烦，因此都相互推让，谁也不愿意独挑大梁。后来，公司干脆撤销了这个项目计划，着手对部门之间进行改革和调整。不少人因为此次事件而被炒了鱿鱼，或换作他用，新一批的人员将他们的位置取而代之。

实际上，这些例子就提示了"零和游戏"的基本内容：游戏者有输有赢，但整个游戏的总成绩永远为零。"零和游戏"受到关注，是因为人们发现在社会的方方面面都存在与"零和游戏"类似的现象，胜利者的光环背后隐藏的是失败者的辛酸和苦涩。从"零和游戏"的博弈思路来看，从个人到国家，从政治到经济，似乎无不验证了世界正是一个巨大的"零和游戏场"。世界是一个封闭的系统，财富、资源、机遇都是有限的，个别人、个别地区和个别国家财富的增加必然意味着对其他人、其他地区和国家的掠夺，这是一个"邪恶进化论"式的弱肉强食的世界。

设想某段公路需要两人养护，由于道路情况不好，这里与外界的交通比较困难。现在假设养护这段路，两人都能得到"3"的好处，而养护路的成本相当于"4"。那么要是没有人从中协调，任由两人各自打着是否养护路的小算盘，其博弈形势就如下：

如果两人联合养路，每人分摊成本“2”，各得好处“3”，两人的最终受益是“1”；

如果一人养护路而另一人坐享其成，那么养路的一家付出“4”而得到“3”，最终受益是“-1”，而不劳而获的可以白白获利“3”；

如果两人都不养路，那结果自然为零。

经过一番瞻前顾后的考虑，以及互相猜测、左右权衡，两人终于决定都不养路。结果，上级部门只得重新派一组人来负责此事。而那两人也毫无利益可得。

可见，在零和博弈中，心理上的相互猜测和推诿，即我们常说的“推皮球”，成为了博弈双方做出判断的主要诱因。

吃着碗里的，赞着锅里的

◆ 关键词：赞他心理

◆ 重要概念：赞他心理，就是指总觉得别人的东西是好的，认为自己的东西不如人。如果将这种心理运用到博弈中，往往就会使自己处于不利地位，容易受到引诱或上当受骗。

◆ 精彩案例：换红包　购物抽奖

日常生活中，常常听到这样那样的称赞别人的话。比如："你的裙子真漂亮，多好看啊，比我的好看多了。""你看你这月奖金比我多多了。""为什么别人的总比我的好呢？"……这就是赞他心理，好比人们常说的"吃着碗里的，赞着锅里的"。

赞他心理，就是指总觉得别人的东西是好的，认为自己的东西不如人。如果将这种心理运用到博弈中，往往就会使自己处于不利地位，容易受到引诱或上当受骗。

有这样一个小故事，说甲、乙两个员工在同一公司里干了整整一年，到年底的时候老板为了奖励他们，分别给他们每人发了一个密封好的红包。甲、乙二人很高兴，各自打开红包，看到自己红包里装着5000元钱，但并不知道对方的红包里装着多少钱。

这时老板对甲、乙二人说："红包里的钱，要么各是5000元，要么各是8000元，要么一个5000元，一个8000元。你们如果愿意跟对方掉换红包，我就可以给你们当公证人，不过，你们每人要给我100元的公证费。"

甲心想：假如我跟乙交换红包，若他是5000元，我就相当于亏了100元公证费；如果他的红包里是8000元，扣除公证费100元，我就会净赚2900元，而这两种可能性各占50%。和乙交换是划算的。

乙的想法跟甲一样，也觉得换红包是划算的。于是，甲、乙二人异口同声地说："我们愿意换。"

结果，当二人把红包换过来一看，才知道自己上了当。实际上，两个红包里都只有5000元钱，他们不得不各自给老板100元的公证费。那么，为什么老板可以轻而易举地使两个员工上当受骗呢？

其实，这是一次员工和老板互动的心理博弈，局势在变换，而双方的思维也应该随之变化，如果不能够敏锐地洞察局势，就很容易遭受失败。一开始的时候，老板提出他们的红包里或者是5000元，或者是8000元，问他们是否愿意交换，这时，甲和乙的推理分析是没有错误的，因此他们都选择了愿意交换。而此时，局势已经发生了变化，既然甲愿意交换，那么乙就应该意识到，甲的红包里肯定也是5000元，否则他是不会愿意交换的，这样的话，就代表两个人的红包都是5000元，交换对双方没有任何益处。而甲听到乙说愿意交换时，也应该意识到这一点。如果两个人都够明智的话，就应该选择拒绝交换，这样他们就都不会受到损失。但是他们过分渴望得到对方可能拥有的8000元的红包，因而没有意识到这些，最终被老板"算计"。

其实，在日常生活中，我们在看待和考虑事情的时候，一定要理智分析，提防别人的陷阱。尤其不要吃着碗里的，赞着锅里的，让人抓住了你贪婪的毛病。

在现实生活中，各大商店、购物网站经常举办一些有奖购物活动，或是花样繁多的抽奖活动，这些活动往往抓住了人们贪婪的心理，把顾客引诱过来，使其为了获得一些具有诱惑力的小奖品而购买价格相当的商品。其实并没有所谓的大奖，即使有大奖，也要顾客的消费值达到一定数额。但总会有很多人上当。

张大伯是一个老实本分的人，日子过得清清淡淡，但也乐在其中。有一天，他刚从女儿家拿来一条新的凉席，还没进家门，就看见隔壁老王头一只手抱着一卷凉席，另一只手拎着一大包洗衣粉高高兴兴地回来。便问："我说，老王头，今儿个怎么这么高兴啊？"老王头乐呵呵地回答说："商场搞凭购物小票抽奖活动，我去商场买了个凉席，没想到抽到了一包洗衣粉作为奖励。我说，这洗衣粉单买也得29元一包啦！"

听着老王头的话，张大伯又羡慕又动心。心想："这老王头太令人羡慕了。不行，我也要去抽奖。"

于是，张大伯到了商场，按相关规定花190元买了一条凉席，然后凭购物小票去参加抽奖，结果什么奖品也没抽到。回家后，张大伯后悔不已！

实际上，即便抽到了洗衣粉等奖品，张大伯也是不划算的，因为商场在搞活动时，故意抬高了凉席的价钱。而人们在思考时往往会陷入一叶障目的境况，因艳羡别人的好处而引起贪婪心理，做出错误决定。所以总会有很多人上了商场的当。

现实生活中，如果你与对方的行为相互影响，那么彼此之间就会构成一个博弈局势。身处博弈之中，你一定要保持清醒的头脑，避免落入别人的陷阱。人与人的对局，其实是一种心理的博弈。假如说话办事不懂策略，或者因为受到他人的诱惑而不能以冷静的头脑应对，那么就很容易陷入别人布下的陷阱。

“聪明”反被“聪明”误

◆ **关键词：** 聪明反被聪明误

◆ **重要概念：** 现实生活中，受自己的贪婪心理影响，人们总自作聪明，做出一些损人不利己的决策。这就是人们常说的“聪明反被聪明误”。

◆ **精彩案例：** 做假账的会计师　捕鱼悲剧

美国数学家图克曾说：“每个人从自己收益最大化出发来考虑问题，最终往往落得两败俱伤的结果。个人的理性算计，往往导致集体的非理性结局。”

的确，现实生活中，每个人都希望自己比别人精明一点，聪明一点，使自己不受损失，使自己可以获得更大的利益。然而，这种自以为聪明的想法，反而使人们受自己的贪婪心理影响，导致利欲熏心，最终做出损人不利己的决策，并且越描越黑。

众所周知，会计师的职责就是担任公司和股东之间的仲裁者，理论上讲，这些会计师应该保证公司诚实地公开其商业活动，这样，股东才能在投资方面做出明智的决定。可是，会计师都受雇于一个团队，即公司。一般来说，会计师在道德上有义务确保公布的报表内容准确无误，但又希望对他们所审计的公司伸出援手，以取得这些公司的信任。这里所说的援手，实际上就是替公司做假账的行为。

可想而知，一旦有会计师不诚实，为公司而做假账，那么后果将不堪设想。

琼斯是一家化妆品公司的会计，刚进公司不久就因诚实的品性而受到公司重用。琼斯十分感谢公司的信任和培养，在这个岗位上一干就是三年。一次经济危机促使公司业绩直线下降，而各种税款又纷至沓来。就在公司快支撑不住的时候，领导吸引来一部分资金，暂时缓解了燃眉之急，但这也不是长远之计。

这个时候，领导与琼斯的见面次数也多了起来。一天，领导来找琼斯查账目的时候，对琼斯说："琼斯，你是对公司最忠心的员工，现在公司遇到了前所未有的困难，我们必须开源节流呀。有些账目上和税款上，你看能'动'就'动动'，争取减少公司的支出呀。"起初，琼斯认为这种要求有些无理，这不明摆着要自己犯法吗？于是就委婉地拒绝了。可没多久，领导又来了，这次领导塞给琼斯一万块钱，要知道，此刻这一万块钱是多么的重要，能买很多货物作为储备呢。看琼斯有些心动又犹豫不定，领导发话了："放心吧，出了事我不会让你一个姑娘家来承担，公司一定会负全责。"

想起三年来公司对自己的信任，想到这一万块钱和领导的"信誓旦旦"，琼斯竟然答应了。

琼斯这样做的结果可想而知，不多久，其做假账的行为就被发现，而当初"信誓旦旦"的领导，早已闻风而逃，没了踪影。

实际上，做假账是很多会计师都遇到过的事情，也是他们聪明反被聪明误的愚蠢行为。但凡做假账的会计师，似乎都没有一个好的结果。

我们知道，资源，只要是大家共有，就会被滥用。假设有一个水域，鱼量很丰富，并且每个人都有权捕捞。不过如果捕捞过度，这个水域就会失去它的再生功能。但遗憾的是，人们还是选择了大肆捕捞。

某个小渔港盛产鱼，当地人以捕鱼为生。近两年，该水域的鱼越来越少，有关部门已经明确规定人们不准在此渔港捕鱼，并立即实行放养小鱼，以保证资源的持续发展。但是，渔夫们还是偷偷捕鱼，并且越来越猖獗。最终，水域里一条鱼也没有了，他们也因此背负起违反规定的罪名，并受到了惩罚。

显然，从渔夫的角度来讲，过度捕捞可能才是他们的优势策略。假设你是1000名渔夫中的一员，并且你可以任意选择多捕或是少捕。当然，如果人们都捕得很多，水域里的鱼就会很快被捕光。可是，如果只有你选择少捕，情况也不会有任何改善。因此，无论是基于长期利益还是短期利益的考虑，你都会选择大肆捕捞，以增加捕鱼量。由于每个人都过度捕捞，这个水域的鱼很快就会消失，最终大家都没有鱼可捕。如果所有的渔夫都少捕，大家就可以相互得利。但这不太现实，因为渔夫们往往会采取自私的做法，最后使每个人都无鱼可捕。真是聪明反被聪明误。

可见，在博弈中，我们除了要为自己的利益考虑之外，还要学会顾及别人的利益和大家共同的长远利益，学会适可而止，不要自以为聪明，最终却适得其反。

无人能敌的心机

◆ 关键词：心机

◆ 重要概念：心机指心思、谋略。在博弈中，心机重的人往往能达到利益的最大化。

◆ 精彩案例：建立“腹诽”之罪　“立皇子杀生母”

有人说，博弈其实博的就是一个人的心机与心计。历史上许多心机重的人，几乎都成为了成功者。汉武帝便是其中的典型代表。

中国古代，皇权至高无上，而相权也曾一度与皇权平起平坐，这样的现象让皇权的拥有者们不得不担心自己的权力被削弱，因而重锤打压相权。强化皇权，基本上就成了皇帝们必须做的事情，中国历史上强化皇权最厉害的一位帝王，恐怕非汉武帝莫属了。

汉武帝刘彻（公元前156年~前87年），中国历史上伟大的政治家、战略家、诗人，建立了西汉王朝最辉煌的功业。汉武帝创造了六个“第一”：第一个用儒家学说统一思想的皇帝；第一个创立太学培养人才的皇帝；第一个大力拓展中国疆土的皇帝；第一个开通西域的皇帝；第一个用皇帝年号来纪元的皇帝；第一个实行盐铁营政策的皇帝。因此，汉武帝又被称作“千古一帝”。

如此一位雄才伟略的皇帝，加强皇权的办法自然是多种多样的，同时也少不了残酷的手段。汉武帝重用酷吏张汤，在中国历史上第一次建立了腹诽罪。当时的朝廷明文规定“令下腹诽者死，诽谤圣制者当诛”。汉武帝用法律的形式肯定了言论罪，而按照这样的判罪方式，基本上不用任何证据就可以判一个人满门抄斩，所以，在这样的逻辑下，除了皇帝，没人可以肯定自己是安全的，甚至很有可能自己睡了一觉后就已经成了腹诽罪犯。这一点，与武则天当政时期实行的告密制，多少有些相似。

汉武帝时有位叫颜异的大臣，一日与人聚谈的时候，听到有人议论起皇帝下的某项诏令，只是嘴唇动了一下，其实并没有说什么，但却因此被治罪。张汤上奏说颜异身为高官，见到诏令有问题而不向上级禀报，反倒在肚子里诽议，罪责该死。于是，颜异只是动了一下嘴唇就招来了杀身之祸。

汉武帝历来求贤若渴，他多次下诏求贤，然而，作为皇帝，他的心思似乎让人捉摸不透。和所有皇帝一样，只要当他觉得有人会威胁到皇权时，就会毫不犹豫地将辛苦得来的贤士踢出朝廷甚至处死。当时的大儒家董仲舒曾写了一篇文章，准备上书汉武帝劝其注意上天灾异警示，要勤政爱民。结果主父偃偷出了董仲舒写的这篇文章给汉武帝看，称董仲书是在诽谤汉武帝不勤政爱民。汉武帝看完龙颜大怒，接受了主父偃召集儒生探讨的建议。

在大殿之上探讨，汉武帝拿出文章给众儒生看，但却故意不说此文章的作者是谁，同时言语里透露出对文章的不满，众位儒生慑于皇权威严，于是都开口批判，甚至说出了此文章有“讥讽当朝”的罪名。汉武帝时期，腹诽者都是死罪，更不用说有“书面证据”了，于是汉武帝马上要用“讥讽当朝”的罪名来处死董仲舒。这时众儒生才明白过来，纷纷为董仲舒求情，汉武帝觉得已经达到了打击言论的目的，于是免除了董仲舒的死罪。死罪虽然是免了，但董仲舒再也不敢上书汉武帝，劝其勤政爱民了。可见，汉武帝的心机，是一般人难以猜透的。

汉武帝到了老年，决定立小儿子刘弗陵为皇位继承人，却又将刘弗陵的生母钩弋夫人处死。这一举动让普通人百思不得其解，当有人问他为什么“立皇子杀生母”的时候，他回答说：“这不是你们这些愚憨的人所能理解的。从前国家之所以乱亡，正是由于主少、母壮，女主独居，淫乱自肆，没人能够阻止她。没听过吕后的故事吗？所以要先除掉这个隐患。”这足以可见汉武帝无人能敌的心机！

尽管汉武帝为加强皇权采取的种种做法招来了一些非议，但从博弈的角度来讲，汉武帝加强皇权的种种做法是很有效果的。他所建立的“腹诽”之罪将反抗直接扼杀在萌芽阶段；通过“立皇子杀生母”，又有效地预防了后宫对朝政的干涉，强化了皇权。可以说，汉武帝的心机在博弈中是制胜的关键。

令人望而生畏的心计

◆ **关键词：** 心计

◆ **重要概念：** 心计指计谋，心里的盘算。心计高深的人，往往在博弈中会获得胜利。

◆ **精彩案例：** 朱元璋的五个计策

一场博弈中，谁会成为真正的赢家，其实往往要看谁更有心计！历史上很多有心计的名人，虽然招致了不少非议，但都成为了最后的赢家。所以我们说，在现实生活中，有心计的人才会博弈。而历史人物中，朱元璋便是一个博弈高手，他心计高深，手段高明。

朱元璋，大明王朝的开国皇帝，著名的军事家、政治家，也是继汉高祖刘邦以来的第二位平民出身并且统一全国的君主。

纵观朱元璋一生，毁誉参半，是非功过，难有定论。但总的来说，从乞丐到皇帝的转变，使他成为了一个大赢家。作为中国历史上的一个君主，他最热衷于控制皇权，他可以说是历代皇帝中控制皇权的佼佼者。为了让朱家的江山永固，他与许多有功之臣展开了一场博弈较量，最终凭借高深的心计成为整场博弈中的最大赢家。

为控制和加强皇权，朱元璋首先想到的是削弱李善长的力量。早在朱元璋称吴王期间，李善长就任右相国。朱元璋于洪武三年十一月，授予李善长开国辅运推诚守正文臣、特进光禄大夫、左柱国、太师、中书左丞相等要职，封韩国公，岁禄四千石，子孙世袭。一时间，李善长荣宠无比。然而，李善长为人招摇，“外宽和，内多忮刻”。在中书犯事被刘基绳之以法后，反倒告了刘基一状，导致刘基告老还乡。之后更是嚣张跋扈，忘乎所以。朱元璋早就萌发了除他之心。

于是，朱元璋使了一个计策，先是在洪武四年正月，假借李善长身体欠佳为由，让他回家养病，之后派他监督修建中都，又迁徙江南富户十四万户到中都命他管制，使李善长远离权力中心。而在这期间，朱元璋开始了令人目眩的动作，他先是提拔了李善长的弟弟为太仆，然后又让其弟的两子为群牧所官，洪武九年，又和李善长结成了亲家，让李善长的儿子娶了临安公主。可以说，朱元璋此时成功地制造了依然信任李善长的假象，但暗地里却在逐渐削弱李善长的势力。仅仅一个月后，御史大夫便弹劾李善长，称其子有失礼之罪，于是，朱元璋顺理成章地削去了李善长的岁禄。

朱元璋的第二个计策就是扶植胡惟庸，当然，其目的是为了牵制李善长，但是胡惟庸却是一个比李善长更加跋扈的人，朱元璋对他也是一忍再忍，直到最后才处置他。从头到尾，胡惟庸对于朱元璋来说，无非是个可利用的小人，比方说借刀杀人的时候，胡惟庸就是最好的刀。

朱元璋的第三个计策是除刘基，而除刘基最好的方法，自然是借刀杀人。平心而论，在朱元璋讨伐天下的过程中，刘基功劳最大，他曾救过朱元璋的命，而且此人颇有才华。然而，也正是他的这些经历，引起了朱元璋的猜忌，朱元璋怀疑他会夺走朱家天下，因此处心积虑地要杀他而快之。在天下安定后，刘基对朱元璋来说已无大用，下刀的时机也成熟了。正在这时，胡惟庸进言说刘基相中了一处名叫“谈洋”的地方，说那里风水好，于是想将祖坟迁过去，这样刘家的子子孙孙都可以永享富贵，甚至可以称王称帝。朱元璋实际上本不信刘基有异心，然而刘基的能力又是他所忌惮的，于是就借胡惟庸之手除掉了刘基。好一步借刀杀人的棋。

朱元璋的第四个计策是除掉小人胡惟庸，这么多年来，朱元璋表面宠信胡惟庸，实际上早就厌烦了此人。在刘基死后，胡惟庸的不臣之心慢慢地暴露出来，朱元璋更加迫不及待地要砍了他。于是，朱元璋故意逼胡惟庸生造反之心，并只用了一件小事就治了胡惟庸的谋反之罪，且在这次“谋反”中，一批功臣宿将皆被杀害。

朱元璋使出的第五个计策，也是最后一个计策便是杀光当年跟随他出生入死的武将功臣。俗话说：“欲加之罪，何患无辞。”在洪武八年三月，朱元璋以廖永忠私穿有龙凤图案的衣服为由将其杀死。之后又以各种理由将武将功臣一一杀之。

朱元璋是有名的善使心计的皇帝，抛开他的功过不管，我们只看在博弈中，只要能够达到目的，他是不择手段、处心积虑的。其实，如果你所使用的方法可以让你成功，那么你就是博弈的胜利者。

为什么你感觉生活不公平

◆ **关键词**：与生活博弈

◆ **重要概念**：一个人要取得成功，成就一番事业，就必须历经千辛万苦，战胜艰难险阻，不断地摸爬滚打，不断地在与人、与生活的博弈中，磨炼出坚强的意志和顽强的毅力。人生道路漫长而曲折，充满艰辛与险恶。因此，与其在面对困难时怨天尤人，不如勇敢承担，勇敢面对。

◆ **精彩案例**：兄弟俩的不同命运

在现实生活中，我们最大的博弈似乎就是与生活的对抗。有的人从小就决心为了生活而奋斗、拼搏，而有的人，二十几岁了还只会消极怠倦，骂着苍天过日子。平时，我们总是会听到有人怨天尤人：

“这个社会太不公平了，人家什么都有，有车、有房、有美女，而我却只有一个破工作！”

“唉，为什么受伤的总是我？”

“老天就是不公平，我辛辛苦苦地干活，却拿着最低的薪水！”

……

人们为什么总是抱怨社会的不公平呢？表面上，这是人们的一种不满情绪的宣泄，实际上，是人们的一种错误的心理在作祟。这些人总是把目光过多地集中在自己所受的苦难以及别人所获得的成功上，而看不到别人所经历的挫折。这样的人，除了成天抱怨，就是得过且过，绝对不会主动想想为什么别人可以赚那么多，而自己不可以呢？

但凡成就大事的人，几乎不曾抱怨过现实生活，他们的眼中，生活是美好而充实的。只有那些得过且过、怨天尤人的人才会感觉生活对他们不公平。

我们随时都可以碰到这样的人：他们似乎专门在等待某个人强迫自己工作；他们对于自己所拥有的广博才识与能力，竟然毫无所知；他们一点儿也没计算过自己身体里究竟藏着多少才智与力量，遇到任何事，只知拿出一小部分力量来敷衍；他们似乎情愿永远守在空谷，不肯攀登山巅；他们不愿睁开眼来，把广大而宏伟的宇宙看个清楚。

大概是40年前，南非某个贫穷乡村里，住了兄弟二人，他们无法忍受恶劣的环境和穷困的生活，便决定离开家乡，到外面去谋发展，由于乘船时出了一些意外，兄弟二人分开了。最后大哥到了富庶的旧金山，弟弟则到了穷困的菲律宾。

40年后，兄弟俩又幸运地聚在一起。今时今日的他们，都发生了巨大的变化。做哥哥的，在旧金山虽不用担心吃不饱饭，但也只能做些洗衣做饭的脏活累活养家糊口，至于事业，更是无从谈起。

弟弟呢？居然成了一位享誉世界的大银行家，拥有菲律宾相当数量的山林、橡胶园和银行。同样经过了几十年的努力，为什么兄弟二人在事业上会有如此巨大的差别呢？

兄弟相聚，不免要谈谈分别以来各自的境遇。哥哥说，我们有色人种到白人的社会，如果没有什么特别的才干，唯有用一双手煮饭给白人吃，为他们洗衣服。总之，白人不肯做的工作，我们有色人种统统顶上了，靠双手挣钱，生活是没有问题的，但事业上却不敢有什么奢望。

看见弟弟获得了如此巨大的成功，做哥哥的，不免羡慕弟弟的幸运，问起弟弟这些年的经历。弟弟说："没有什么幸运可言，初到菲律宾的时候，我做些低贱的工作，后来发现当地的人有些是比较懒惰的，于是便把他们放弃的事业接下来，慢慢地不断收购和扩张，生意便逐渐做大了。"弟弟又说："我知道环境恶劣、生活困苦，但我从未退缩，我总是告诉自己，如果我能在与生活的博弈中得到什么，那么我就成功了。"

这个例子告诉我们，影响我们人生的绝不仅仅是生活环境的不公平，雄心控制了个人的行动和思想。同时，心态也决定了自己的视野、事业和成就。

法国文学家巴尔扎克曾说："苦难对于一个天才是一块垫脚石，对于能干的人是一笔财富，而对于庸人却是一个万丈深渊。"任何学习，都不如一个人在受到屈辱时学得迅速、深刻、持久，因为它能使人更深入地接触实际、了解社会，使人得到提升、锻炼，从而为自己铺就一条成功之路。

罗曼·罗兰曾说："只有把抱怨别人和环境的心情，化为上进的力量，才是成功的保证。"你只有感谢曾经折磨过自己的人或事，才能体会出那实际上短暂而有风险的生命意义。视角不同，心态不同，人们看问题的观点就不同，因此产生的心理反应也是不一样的。庸人在苦难面前只看到了自己的疼痛，所以抱怨，而天才在苦难面前看到了希望，因此学会了感谢。

一个人要取得成功，成就一番事业，都必须历经千辛万苦，战胜艰难险阻，不断地摸爬滚打，不断地在与人、与生活的博弈中，磨炼出坚强的意志和顽强的毅力。人生道路漫长而曲折，充满艰辛与险恶。因此，与其在面对困难时怨天尤人，不如勇敢承担，勇敢面对。

三 防人与被防

——博弈与交际

阅读指南：

如果想让交际向健康的方向发展，就必须以非对抗的方式，采取合作的态度，使交际避免出现“负和博弈”。

“害人之心不可有，防人之心不可无。”

在博弈中，应适当地给予对手宽容和理解，争取化干戈为玉帛，达到互惠互利。

屈是为了伸，藏锋是为了蓄志。

在人际交往与博弈中，我们应该给自己一个明确的定位，眼睛里要容得下沙子，与同事、朋友交往时要多同流少合污。

人际博弈中的“心理气泡”：距离产生美。

与人交往，勿入地狱

◆ **关键词：** 负和博弈

◆ **重要概念：** 从总体上看来，所谓的“负和博弈”，就是指双方冲突和斗争的结果是所得小于所失，即我们通常所说的两败俱伤的博弈。

◆ **精彩案例：** 自杀的小伙子　画师与木匠

人生活在社会中，必然要同周围的人打交道，交际就是一种特殊的博弈。一般来说，想让自己的生存状态向好的方向发展，就需要掌握有关的交际博弈知识；如果想让交际向健康的方向发展，就必须以非对抗的方式，采取合作的态度，使交际避免出现“负和博弈”。千万要记住，与人交往，勿入地狱。

一位远行求学的小伙子，租住在学校附近的一家旅店。他租住后不久，旅店里就来了一位漂亮的姑娘，就租住在他隔壁。小伙子每次上楼下楼总能遇见这位姑娘，不知不觉就对这位姑娘产生了爱意，可他一直找不到与她沟通感情的理由，因此觉得很痛苦，终日郁郁寡欢。

圣诞节到了，小伙子一个人待在房间里，非常孤独。忽然，他听见隔壁房间传来了咯吱咯吱的声音和阵阵喘息、呻吟声，并持续了较长时间。小伙子想到自己是这样的孤独悲伤，而心仪的姑娘却在与别的男人交欢，便彻底绝望了。最后，他竟然吃了大量的安眠药，一睡不醒了。第二天，人们发现，就在那个欢快的圣诞节之夜，不仅那个小伙子服安眠药自杀，他隔壁的那个姑娘也自杀了。据调查，那姑娘是吃砒霜死的。原来，小伙子听到的那些响声，并不来自他想象的男欢女爱之事，而是砒霜毒性发作后，姑娘挣扎、呻吟时发出的。姑娘的桌子上有一份遗书，遗书上说，她实在忍受不了这份孤独，在这个世界上，没有人关心她，尤其是在那个美丽的圣诞节之夜。所以，她想尽早结束这孤独的生活，离开这冷漠的世界。

其实，在这场无声的博弈中，小伙子爱上了那个姑娘的同时，也被那个孤独寂寞的姑娘爱上了，只是彼此陌生，怕唐突了对方而不愿意先开口，最终让彼此失落、郁闷、彷徨，共同走上了不归路。其实，但凡小伙子迈出房间去探个究竟，或者平日里大方主动与姑娘说上些话，他们的命运很可能就不同了。然而，他们却活在了相互揣测与矜持，以及彼此的防备中，最终告别了这个色彩斑斓的美好世界。

显然，故事中小伙子与姑娘的博弈，最终成为了负和博弈。在双方的心理斗争中，他们始终僵持着，不主动向对方迈进，最终导致了两败俱伤。生活中，这样的例子还很多。

传说，很久以前，北印度有一个木匠，技艺高超，擅长以木头制作各式女郎雕塑。他制作的木女郎容貌艳丽，并能斟茶递酒，招呼客人，几乎与真人无异，非常神奇。唯一不足之处就是木女郎不能说话。

当时，南印度有一位画师。此人画技超群，所画人物栩栩如生。有一次，画师来到北印度，木匠久闻此画师大名，于是备好酒菜，邀请画师来家做客。酒席中，木匠让自己制作的木女郎斟酒端茶，招呼得十分周到。

画师见此女郎秀丽娇俏，心生爱恋。木匠看在眼里，故作不知。在酒酣饭饱之后，天色已经很晚了，于是，木匠便要回自己的卧室，临走时，他故意将木女郎留下，说：“此女郎听你使唤，与你做伴吧。”画师欣喜若狂，等木匠走后，便叫女郎到身边来仔细端详，这才发觉女郎是一个木头人。画师顿时觉得惭愧，又觉丢人，越想越生气。于是，他在门口的墙上，画了一幅自己上吊的像，画得逼真极了，画好后便躲在床底下睡着了。

第二天早上，主人见画师久久没有出门来，只见其房门紧闭，叩门又没有回应，于是透过门窗缝隙向内望去，赫然看到画师上吊的一幕。惊恐万分的木匠，马上撞开房门，用刀去砍绳子，才发现原来只是一幅画而已，这下，木匠很是恼火，一气之下，竟与画师厮打起来。

可以说，在这场人际博弈中，两位主人公都没有得到好处，是两败俱伤，互不讨好。但凡两人都忍一时，退一步，局面也不会如此糟糕。

其实，良好的人际关系在日常生活中非常重要，比如在职场中，它可以帮助你了解老板或同事的需求，可以改善你和老板之间的关系，无论对你的工作还是对平常的生活来说都是很好的事情。

但在与人交际过程中，一定要记住诚心和耐心，千万不要因为一点鸡毛蒜皮的小事就和别人争得面红耳赤或是吵得不可开交，不管是你的错还是别人的错，如果想让自己生活得快乐，就要学会交际中的博弈。

明枪要躲，暗箭要防

◆ **关键词**：明枪　暗箭

◆ **重要概念**：在人际交往中，要提防和应对种种公开的或隐蔽的攻击，才能在博弈中制胜。

◆ **精彩案例**：农夫杀猪　李小姐的阴谋

有一个笑话，说一个农夫在杀猪前的一天晚上喂猪，不经意地说："懒猪，快吃吧，这是你的最后一顿了！"

第二天，农夫早早地就发现猪已含恨死于猪圈，并留遗书："猪大爷我已吃老鼠药，你们别想吃爷的肉了，爷也不是好惹的。"

虽是一个笑话，但也体现了深刻的博弈策略。即，永远不要在一开始就暴露自己的想法或弱点，因为当对手知道了你的决定之后，就会做出对他自己最有利而对你无利的决定。

其实，这个例子说明了一个简单的道理：在交际中，明枪要躲，暗箭要防。

我们生活的社会其实是一个利益混合体，里面牵涉的利益关系盘根错节。在人与人之间的博弈中，学会抵挡明枪与暗箭是非常重要的。

只有分清了敌友，你才能够在社会这样一个利益混合体中躲避明枪和暗箭，从而保护好自己。社会上既有纷争，也有结盟。但斗争也好，结盟也罢，都要视利益大小来决定。只有明白了这样的道理，你才能够在结盟与斗争中做到游刃有余、从容镇定，才能成为最后的胜者。

张先生在一家媒介公司做策划工作，他工作能力出众，经常会迸发出好的灵感，做出很多优秀的策划方案，因此很受上司的赏识。同事李小姐见张先生很受上司器重便经常来套近乎，企图拉拢张先生。型男碰上美女，如鱼得水一般，两人很快就成了好朋友。

然而有一天，张先生将自己新弄好的策划方案提交给领导时，却遭到了领导的批评，因为张先生的策划方案和李小姐前一天送来的策划方案大同小异，领导因此认为张先生抄袭了李小姐的点子。张先生这才恍然大悟，原来自己中了“美人计”。明白了李小姐接近他的用心后，张先生并没有立即找她算账，而是装着什么都没有发生，还与李小姐像往常一样有说有笑。过了一段时间，李小姐就因为剽窃他人的工作成果被公司辞退了。

原来，张先生在那次事件之后，及时向领导做出了解释，并且表面上仍然对李小姐不加防备，但新的策划方案一做好，就第一时间直接发到了领导的邮箱。不知情的李小姐将自己的抄袭成果打印出来又在当日交给了经理，但无疑慢了一步。本以为自己做得天衣无缝，却不曾想正中了张先生的计。

俗话说：“害人之心不可有，防人之心不可无。”张先生起初就是因为缺少防备之心，才被李小姐抢了头功。而之所以后来李小姐露出了马脚，也是因为在第一次得逞后，没有及时采取防备措施和转变战略战术。这样的例子还有很多。

唐代诗人李白，在诗歌上取得了巨大成就，但在官场上却始终不得志。

李白曾经做过唐玄宗的侍从官，可以时常接近皇帝。这是个人人垂涎的官职，只要搞好了和皇帝及其亲信的关系，升迁的机会是相当多的。不过，所谓“伴君如伴虎”，这个职位更需要谨慎从事，处处设防。但是，天生傲骨的李白，并不深谙人际交往之道，既不防人，也不顾及他人的面子，结果可想而知。

民间流传着“李太白醉酒吓蛮书”的故事，说当时有塞外的蛮帮来和唐朝通交，可是满朝文武没有人懂得番邦的文字，于是唐玄宗招在塞外生活过的李白作回书。

此时李白刚刚喝醉酒，他摇摇摆摆地来到了大殿之上，让唐玄宗的宠臣高力士为他脱靴，让玄宗的爱妃杨玉环为他磨墨。随后李白下笔千言，洋洋洒洒，唬得蛮帮使臣跪在地上高呼万岁。李白虽然讨得了唐玄宗一时高兴，但也因此得罪了唐玄宗的亲信高力士和爱妃杨贵妃。后果可想而知。

再说，平常人做了此事，事后肯定会前后打理，希望换得高力士和杨贵妃的原谅，但是李白不仅没将其当回事，反而还对此二人毫无防备，偏偏在后来作了一首名为《清平调》的诗，诗曰：“一枝红艳露凝香，云雨巫山枉断肠。借问汉宫谁得似，可怜飞燕倚新妆。”明眼人都看得出诗句借用了汉代皇后赵飞燕的典故，但赵飞燕后来被汉平帝废为庶人并自杀身亡。高力士和杨贵妃借此大做文章，对唐玄宗说李白含沙射影，有犯上大不敬之罪。唐玄宗只好将李白罢官。从此，李白再无缘官场。

得饶人处且饶人

◆ **关键词**：得饶人处且饶人

◆ **重要概念**：在博弈中，应适当地给对手以宽容和理解，争取化干戈为玉帛，达到互惠互利。

◆ **精彩案例**：胡雪岩与张胖子　豁达的布莱克

人际交往中，我们难免会遇到吃亏的事情。与人博弈的过程中，我们难免会结下许多仇家。这个时候，如果我们采取报复、咄咄逼人的行为，那么不良形势将会扩大，最终很有可能出现“负和博弈”。相反，如果我们以豁达的心情处理事情，对待他人，“得饶人处且饶人”，就会获得对手的尊重，将事态朝着好的一面扭转。

清朝红顶商人胡雪岩在经营过程中，一贯奉行“得饶人处且饶人”的作风。他认为，人与人之间的关系是要大家精诚合作才能形成的，一个人的信誉若是被破坏了，对大家都不利。的确，博弈的过程中也是如此，如果大家齐心协力，那结果就是“正和博弈”，反之，则两败俱伤。

胡雪岩年轻时在信和钱庄做学徒，负责收外债。一次偶然的机会结识了一个落魄潦倒而满腹文化的人，此人便是王有龄。胡雪岩当时为帮助王有龄进京考功名，将一笔钱庄认为已无望收回的账收了回来，共五百两银子，并将其全部资助了王有龄。后来钱庄发现此事，胡雪岩因此受到牵连，麻烦不断，被赶出了钱庄。身为朝官的王有龄知道胡雪岩的处境后，当即就要还上信和钱庄的五百两银子，为胡雪岩洗刷罪名。他准备穿上官袍，与胡雪岩一起大摇大摆地进入钱庄，为胡雪岩出一口气。不料却遭到了胡雪岩的拒绝。

胡雪岩认为，现在信和钱庄的大伙计就是当初将他赶出钱庄的张胖子。如果此时他和王有龄一同前往，势必让张胖子非常尴尬，大失面子。再说，如此张扬出去，传扬开来，张胖子在同行、东家面前也会丢尽面子。正所谓“得饶人处且饶人”、“冤冤相报何时了”。于是，豁达的胡雪岩坚决不与王有龄同去，并且叮嘱王有龄不要告诉信和钱庄的人，他们已见过面。

最终，王有龄理解了胡雪岩的用心，单独去还这笔借款时，也把事情办得很巧妙。他穿着便服，坐上一顶小轿就静静地到了信和钱庄，没有惊动任何人，更没有为难那个张胖子。

实际上，不仅此事，胡雪岩在很多事情上的做法，都十分高明，也十分有效。大概这也是他后来功成名就的原因之一。

许多名人，尽管他们在博弈时手段和心计并用，但是他们的本性还是豁达的。且有的时候，豁达本就是一种博弈的境界。

有一名商人叫作布莱克，由于另一位商业对手的竞争和排挤，他的公司陷入困境之中。对手经常在他的经销区域内走动，并且造谣说，布莱克的公司不可靠，他的货物很差劲。

就在许多朋友对此愤恨的时候，布莱克却不以为然，他并不认为对手会严重伤害到他的生意，尽管有时候也因对手那些无端的造谣而动怒。

在一个周末的早晨，布莱克像平常一样到教堂做弥撒，那天牧师讲道的主题是要施恩给那些故意跟自己为难的人。布莱克觉得这一点对自己很有用，于是听得很认真。之后，布莱克还把对手的无端挑衅告诉了牧师，牧师笑着说：“你不觉得我们要以德报怨，化敌为友吗？冤冤相报何时了，得饶人处且饶人。这是一种宽容，也是一种博大的胸怀。”

第二天，布莱克发现他的一位老顾客现在急需一大批货物，他们公司正好缺这位顾客所指定的货物型号，而他的那位竞争对手恰好在出售此类产品。经过一段内心斗争，布莱克终于拿起电话拨到对手家里，向对手友好地介绍了这笔生意。

听完布莱克的电话，对手十分难堪和内疚，同时也被布莱克的真诚和友好打动，从此不再散布有关布莱克公司的谣言，并且将一些自己处理不过来的生意介绍给布莱克。

实际上，在这场博弈中，布莱克是以宽容之心，赢得了对手的尊重，赢得了双方的利益。

藏锋是一种自我保护

◆ **关键词：** 藏锋

◆ **重要概念：** 藏锋是把自己的优点稍微收藏起来，在博弈中，藏锋是一种有效的自我保护。

◆ **精彩案例：** 鹏的结局　曾国藩裁撤湘军

鹏是一个非常聪明的人，刚到一家设计公司上班，他很有才华，而且工作效率非常高，设计的作品也很受客户认可。因此到公司不久，鹏就受到了老板的赏识，也和同事们相处得很融洽。但谁知，鹏最近的做法却引起了大家的不满。

一天，设计师小华向老板提交了一个方案，那是小华精心设计了好几个晚上的结果，所有的同事都知道小华为了此次设计花费了不少心血。

为了研究小华的方案，老板召集了所有的设计师，开了一个小会，让大家对小华的方案提出意见或建议，并第一个让鹏发言。老板对鹏说："鹏啊，你对设计的感觉很强烈，点子也很有创意，你来说说，小华的这个方案究竟怎么样。没事，畅所欲言。我要的是客观的意见或建议。"

一听老板的这番话，鹏感觉到老板对自己的无比信任，果真"客观"地说道："张总，我认为，小华的这个方案很成熟，但是没有什么创意。更客观地说，毫无创意。我们做设计的，作品不仅要成熟，还应该要有创意，创意是设计的灵魂。”

听完鹏的这一番评价，一旁的小华立即拉下了脸，其余的同事也有些不耐烦。唯独老板笑着对鹏说：“有眼光，我也觉得这个作品缺乏创意，过！”

就这样，小华熬夜打更的作品在短短的几分钟内就被“过”掉了，心里自然十分委屈，要知道，在鹏没来之前，这样的作品都会被评上优秀的。

说来也巧，鹏接过小华的命题又重新做了一个创意作品，没想到还真受到了好评，并夺取了业内比赛的一个奖项。这下，鹏更加不可一世了，经常独揽公司的重要项目，不过完成得一次比一次成功，别人也就敢想不敢言。到后来，鹏还逐渐学会了老板的作风，对同事的作品一一指手画脚起来。

一天，老板又将设计师们召集到一起，讨论大家手里的作品。轮到鹏发言的时候，他还是像往常一样“客观”，将同事们的辛勤劳动批得不值一文。

渐渐地，鹏在公司内部树起了很多敌人。大家都对他表面笑嘻嘻，骨子里恨不得揍他一顿。一场博弈就在这样的情形下拉开序幕。可想而知，在四面树敌的情况下，鹏的日子其实很艰难。

后来，鹏经常发现自己的作品被毁坏，或是文件丢失。更离谱的是，有一次老板把鹏叫到办公室，直接质问鹏：“听说你说我老婆身材太臃肿？”

渐渐地，鹏背负了各种各样的“罪名”，最终仓皇地离开了这家公司。

实际上，在这次博弈中，鹏并没有输在才智上，而是输在了不懂得藏锋。哪怕他稍微藏点锋芒，下场也会比现在好很多。

但凡功高位显的人，都懂得藏住锋芒。藏锋，是一种自我保护，尤其是在博弈中，懂得藏锋的人，往往会获得关键性的胜利。

晚清重臣、湘军的创立者和统帅曾国藩，曾率领自己亲手组建的湘军，攻破太平天国的都城天京。但是，就在军队士气高涨的时候，曾国藩却做出了一个令人不解的决定——裁撤自己亲手创建的湘军。

曾国藩在给同治皇帝的“定议裁撤湘勇”的奏折中说：“臣统军太多，即拨裁撤三四万人，以节开支。”事实上，曾国藩裁撤湘军的原因是避藏锋芒，求以自保。

之所以要避藏锋芒，主要是因为曾国藩考虑到功高震主会危及身家，加上自己是汉官，本来就被一些满官所排挤，现在自己立了大功，节骨眼儿上更不能出岔子。再加上现在湘军已经得意忘形，成为强弩之末，所以此时裁撤湘军是一个良策。但他又考虑到，如果自己完全没有军队作为后盾，就会任人宰割，因此他又让汉官李鸿章留下了淮军。当然，实际上被曾国藩裁掉的军队都是些懒散惯了或是不重要的部队，而他的九弟曾国荃和他的亲信的部队，都被保留了下来。

屈是为了伸，藏锋是为了蓄志。曾国藩的藏锋不仅保护了自己不被清政府除掉，还为他在日后行事清理了绊脚石。曾国藩深知，谋略是一种实现自我保护的生存之道。在博弈的局面中，有时显露锋芒是十分必要的，但是时时处处锋芒毕露只会招致打击与嫉恨，导致最终的失败。

追求权力，尤防亲人

◆ **关键词：** 权力

◆ **重要概念：** 权力是指特定主体因某种优势而拥有的对社会或他人的强制力量和支配力量。人们对权力的理解呈现多样性和复杂性。有人认为，权力是指一个人或一群人按照他所愿意的方式去改变其他人或群体的行为，以防止他自己的行为按照一种他不愿意的方式被改变的能力。也有人认为，权力指影响或控制他人行为的力量。总而言之，权力包含有“支配”和“强制”之意。

◆ **精彩案例：** 努尔哈赤杀亲弟　夫妻相争

“煮豆燃豆萁，豆在釜中泣；本是同根生，相煎何太急！”想必这首七步诗大家都有所耳闻。实质上，曹丕当然不是生性残暴，以残害弟弟为爱好。他对弟弟下毒手的原因只有一个，那就是为了稳住自己的权力，预防弟弟相争。为了权力，人们可以疯狂地六亲不认、手足相残。曾经的玄武门之变，李世民就亲手杀掉了自己的哥哥和弟弟，最终顺利地当上了集权力于一身的皇帝。

看来，权力和亲人孰轻孰重这个问题已经不重要，重要的是，在追求权力的时候，一定要防备身边最亲的人，特别是当你与亲人追求同一个权力目标时，一定要做足迎战的准备。

幼年的努尔哈赤与弟弟舒尔哈齐曾跟随父亲与辽东汉人做生意，借此熟悉了明朝的形势典章，还学会了汉字，增长了不少见识，后来又投奔到明朝总兵李成梁的手下当差。努尔哈赤兄弟俩历经了生活的艰辛和征伐的残酷，养成了坚毅顽强的性格。

当时，明朝对东北的女真族施行压迫政策。在中国最具个性的皇帝之一——三十年不上朝的万历皇帝当政期间，1583年，努尔哈赤祖父和父亲死于明朝乱军的铁蹄之下。悲痛欲绝的努尔哈赤与弟弟离开了明朝军营，回到了家中，从此踏上了雪耻报仇的历程。后来，努尔哈赤终于开始了统一女真、反抗明朝的斗争。而舒尔哈齐成为了兄长努尔哈赤的得力助手和主要战将。他们共同处理内部事务，一起领兵打仗，同甘共苦。

然而随着羽翼的日益丰满，舒尔哈齐开始抱怨自己率领的部队使用的兵器过于陈旧和落后，兄弟俩的关系开始出现了裂痕。随着力量的壮大和权力欲的增加，他开始对努尔哈赤构成了威胁。

之后的统一大业中，努尔哈赤虽然对弟弟的抱怨和威胁一忍再忍，但是杀掉弟弟以除后患的念头早已经萌发。为了巩固各自的权力，兄弟俩之间开始了拉锯式的博弈。最终，在弟弟又一次得寸进尺提出要求的时候，努尔哈赤放下兄弟之情，趁弟弟没有周密的防备之时，杀掉了弟弟。

在与弟弟舒尔哈齐的博弈中，努尔哈赤的做法告诉我们，权力面前没有亲情，也没有朋友。而且，从古到今，权力与亲情都是在这样的矛盾中此消彼长的。

有一对夫妻，结婚五年感情一直稳定。夫妻俩都是爱面子的人，且十分好强，因此这几年里，难免产生了一些矛盾。由于两人比较有经商头脑，他们在结婚的第一年就做了个小本生意，第二年，小本生意就变成了一家正规的公司。夫妻俩并肩作战，一心要将公司搞出规模。经过努力，他们的公司终于成为了一家规模较大的集团公司，而此时，正逢他们结婚的第五个年头。

公司的规模壮大了，那么谁来做公司的一把手呢？这时，丈夫认为自己在这些年的创业中发挥的作用最大，很多决策性的事情都是自己拿主意。而妻子则认为，这么些年来，要是没有自己雷厉风行的行事作风，仅靠丈夫那几个小点子，公司肯定成不了大器。两人从此开始了暗暗的较量，随着博弈的展开，夫妻俩的感情出现了严重的裂痕。

丈夫有个舅舅，一直在公司里帮着他做事。一天，舅舅找到丈夫，说："你和你老婆虽然是夫妻，但是现在公司急需一个全权负责人，以她的个性，很有可能对你下手，争这个位置。"

丈夫听后哈哈大笑，对舅舅说："舅舅啊舅舅，她再厉害，也是一个女人，我了解她。这么些年，她都是在执行我的策划方案，哪里有能耐对我下手。再说，她是我的老婆，我们一起同甘共苦这么多年，她不会因为掌管公司的这份权力就与我翻脸的。"

见丈夫如此轻信妻子，舅舅继续劝道："最毒妇人心啊，不得不防。"

丈夫怕舅舅继续啰唆，就随口答应了他，称自己会防备的，但心里根本没重视此事。事实上，虽然丈夫在公司起了决策性的作用，但是他的性格与妻子相比较为温和，许多员工倒是愿意服从妻子的安排，因为妻子行事雷厉风行、果断坚决，有领导派头。

就在丈夫对妻子抱以轻视态度的时候，妻子却暗中拉拢了丈夫的一些老部下和老主顾，并且秘密安置了一个年轻漂亮的女秘书在丈夫身边，长时间让其引诱丈夫泄露公司秘密。就这样，妻子顺利地拿到了丈夫泄露公司秘密的证据，并在公司高层会议上专门研究了此事。最终，丈夫因泄露公司秘密而受到绝大多数高层的反对，妻子则成功地坐上了集团首席代表的交椅。

在这场博弈中，丈夫显然是输给了自己的疏忽和毫无防备的心理。实际上，在权力争夺的过程中，是没有真正的亲情可言的。

与人交往，多同流少合污

◆ **关键词**：同流合污

◆ **重要概念**：同流合污指跟坏人一起干坏事。在职场中，又形容加入到那些错综复杂的小帮派、小圈子、小集团中。

◆ **精彩案例**：芳芳的选择

在与人交往过程中，我们应该擦亮眼睛，分清别人的用意。有时候，别人的主动拉拢其实是为了拉帮结伙好让自己赢得一己私利，但是我们并不愿意参与进去，那么，这个时候，我们究竟要采用什么样的博弈策略，才能既处理好与他人的关系，又能坚持自己的原则呢？

芳芳今年刚毕业，当她来到公司的时候就发现在这个只有十几个人的部门里，有几个人相互之间特别默契，但对其他人则多少有点不配合，甚至暗中使绊。部门主管也拿他们没办法，只能睁一只眼，闭一只眼。短短几天时间，那几个人中的一个，总来嘘寒问暖，有事没事跟她套近乎。芳芳心里也明白，他们是希望自己也能成为他们那个小集团里的一员。这就让刚参加工作的芳芳有点犯难了，加入进去的话，有悖于自己不拉帮结伙的原则；不加入的话，今后自己在工作中也难免不会遭到他们的刁难。这让芳芳大伤脑筋。面对这一场博弈，她究竟该如何是好呢？

实际上，不仅在公司，即使在中学、大学的校园里，每个年级，每个班级，甚至是每个宿舍，也有一些小圈子，也会出现这样的情况。尤其在现代职场上，几乎所有的公司都存在着这些情况。在公司内部，形成了形形色色的小集团，有的是围绕部门经理而建立的小帮派，有的是围绕各级主任而建立的小团伙，总之，各人都有自己的一伙人。例如芳芳单位里那几个人组成的小圈子，肯定也是有一个主心骨的，这个主心骨可能是经理，也可能是其他干部。而小圈子对公司每个员工产生的影响也是不容忽视的。假如你过于积极工作或不努力工作，有的同事就会故意指责你，故意给你制造障碍，然后乘机逼你与他们一起“同流合污”。

对于看不清形势的人来说，这就是一个巨大的陷阱；而对于熟谙此道的人，处理起来则如鱼得水、左右逢源。当然，这种处世能力需要你不断地积累社会经验，在反复的失败、碰壁中不断提升。

起初，芳芳并没有加入那几个人的圈子，而是盯着上司，只注意处理自己与上司的关系，忽视了与同事之间的交流，尤其是总避免与那几个人碰头。但是，越是这样，芳芳发现自己的处境越艰难，不仅没有让领导看重自己出淤泥而不染的高洁品质，反而遭到了公司几乎所有同事的反感。感到孤立和无助的同时，许多障碍随之而来，这些障碍，大多是那些同事们精心布置的。

渐渐地，芳芳也在这场博弈中遇到了一些挫折，受到了一些伤害，不过也学会了不少东西，修炼出了圆滑的处世本领。她开始当面说人话，背后说鬼话，并开始穿梭于各个小集团间，与人周旋，最终选择了一个对自己最有利的圈子作为“靠山”。当然，她尽量让自己身在圈中，置心圈外，多同流、少合污。尽管这并不是芳芳原来想要的职业生活，但是也只有这样，她才能更顺利地干好岗位上的工作，才能谋得自己在公司的一席之地。

这里我们要说的是，也许你过去一直习惯生活在自己的世界里，喜欢独善其身，但当你进入职场，进入社交圈，突然需要和一些陌生的同事共事的时候，需要和很多陌生的面孔打交道的时候，你就将面临一个艰难的选择：是保持自己的个性，还是抹杀个性，与他们“同流”？或是在两者中寻找一个平衡点？你可能会觉得与这些庸俗、无聊的人在一起，会让自己的人格低人一等或是无地自容。但你渐渐会发现，如果自己一味地“独善其身”，不仅会使自己的工作越来越难以开展，就连个人信心也会受到无情的打击。这就是交际中的博弈。

总之，在人际交往中，我们应该给自己一个明确的定位，眼睛里要容得下沙子，与同事、朋友交往时要多同流少合污。但是，一旦你发现自己参与的圈子在谋坏事，取私利，那就应果断疏远它，以免引火烧身，只有这样才能在职场博弈中取胜。

人际交往需要“心理气泡”

◆ **关键词：** 心理气泡

◆ **重要概念：** 在人际交往中，每个人都要求独占一定的空间，这个空间被称为人际空间。由于这个空间像一个大气泡一样包围着每一个人，所以又被称为“心理气泡”。

◆ **精彩案例：** 好友的“亲密无间”　距离产生美

心理学家做过这样一个有趣的实验：在一个开着门的大阅览室里，当里面只有一位读者时，走进去坐在他（她）的旁边。

实验结果令人吃惊，在经过80人次的实验之后发现，在一个只有两名读者的大阅览室里，竟然没有一个被实验者能够忍受一个陌生人紧挨自己而坐。而被实验者在不知情的情况下，一般会默默地找另外一个座位坐下，以疏远挨近自己的陌生人。另一些被实验者则会直接问向他（她）走来的陌生人：“你想干什么？有事情吗？”

心理学家认为，这个实验证明了人与人之间需要保持一定的空间距离，距离产生美。即便是热恋中的情人，也不能终日“黏糊”在一起，那样迟早会乏味。

在人际交往中，每个人都要求独占一定的空间，这个空间被称为人际空间。由于这个空间像一个大气泡一样包围着每一个人，因此又被称为“心理气泡”。如果掌握不好“心理气泡”的大小，在社交博弈中，就很有可能吃亏。

小文是夏洛的闺密，两人自幼一起长大，友谊深厚。但长大后，两人在相处时的想法经常会出现分歧：小文不喜欢两个人整天“黏”在一起，觉得没有一点私人空间，比如出去和男孩子约会什么的都感觉别扭，有时候还要偷偷摸摸地与心仪的男子约会，本来可以光明正大的事情，因为顾及到夏洛的感受就变得“偷偷摸摸”。渐渐地，小文感到对现状有点烦，也有点累；而夏洛觉得好朋友就该是天天在一起，左手与右手般的感觉，如果朋友互相疏远，那证明友谊即将破裂。当然，夏洛更讨厌“重色轻友”的做法，可她没想过，友谊与爱情，始终是不一样的。

其实，小文和夏洛彼此心里都很在乎对方，很珍惜这份友谊。但在行为表现上却如此矛盾：一个总想和对方亲近，有说不完的心里话和唠不完的家长里短；另一个却总希望与对方保持一定的距离，多一些私人的空间。久而久之，两人在这场博弈中都感觉到别扭。之所以别扭，是因为小文感觉到心理气泡已经很小，而夏洛感觉心理气泡还不够小。

当然，心理气泡该大些还是小些，与人的个性特征有很大关系。一般来说，独立性强的人，或内向型的人，其心理气泡较大。而外向型的人，或依赖性强的人，其心理气泡较小。当然，在人际交往过程中，我们还是奉行“距离产生美”。保持一定的距离，给彼此留一丝自我的空间，才会让感情长存、美好。相反，心理气泡很小，几乎成天黏在一起，形影不离，那样谁都有可能生厌。

秋秋与川子是一对恋人，两人几乎形影不离，每天都一起逛街、吃饭、回家、散步。表面上令人羡慕，但时间一长，两人逐渐对这种生活感到了厌烦。秋秋有一个好友在外地，经常会打电话来嘘寒问暖，巩固友谊。每次秋秋接电话的时候，挽着自己的川子都不会主动离开，而是继续一边挽着她，一边漫步，好像听秋秋接电话是很正常的事。刚开始秋秋还能忍受，久而久之，和闺密之间一些不想让川子听见的话也被他听见了，最终的结果是川子比较生气，而秋秋也逐渐有些厌倦了。更严重的时候，两人还为彼此间不经意“偷听”了对方秘密而吵架。

其实，作为川子来说，也不想做一个没有秘密的男人。有时候接到女性朋友打来的电话，甚至是表姐打来的电话，秋秋也会猜忌地询问很长时间。更要命的是，每次哥们儿来找他出去兜风，秋秋总要跟着去，说什么也不愿意自己在家待着。想想，几个大老爷们儿都没带女友，就自己带了，川子的心里能好受吗?

后来，为了给爱情保鲜，为了在这场交际博弈中获得共同的利益，两人决定尝试分居一段时间，每天约会一次。再后来，改为每周约会四次。没有想到，两人的感情反而比成天黏在一起的时候好很多。因为见面的次数少了，彼此之间又恢复了初恋时期那种神秘与向往，都想多了解此刻的对方，思念油然而生。秋秋曾害羞地对川子说：“难怪人家说，距离产生美。当我们的心理气泡变得稍大的时候，我们的心情竟然那么美妙，很释然，也很纯净，很自由。”

实际上，交往双方的关系与心理气泡的大小也是密切相关的。不同的社会关系，其心理距离是不一样的。美国人类学家爱德华·霍尔博士认为，人与人之间有四种距离：第一种，亲密距离。这是人际交往中的最小间隔，即“亲密无间”，双方的距离可在15厘米以内，身体上的接触可能表现为挽臂执手，或促膝谈心，体现出亲密友好的人际关系。第二种，个人距离。这是人际间隔上稍有分寸感的距离，在46~76厘米之间，最远距离为76~122厘米。正好能相互亲切握手，友好交谈。第三种，社交距离。这用于社交性或礼节上的较正式关系。其近范围为4~7英尺(1.2~2.1米)，一般用在工作环境和社交聚会上。其远范围为7~12英尺(2.1~3.7米)，表现为一种更加正式的交往关系。第四种，公众距离。这是公开演说时演说者与听众所保持的距离。其近范围为12~25英尺(3.7~7.6米)，远范围在25英尺（7.6米）之外。

当然，交往双方的文化背景、社会地位以及具体的交际情境都会决定心理气泡的大小。一般来说，有一定权力、地位的人的心理气泡较大。比如皇帝，君临天下，谁敢轻易靠近他呢?

情境不同，心理气泡的大小也不同。例如，在拥挤的地铁里，人们彼此间的距离都很近，这个时候，纵然心里百般不愿，也不会有人对此时的心理气泡进行诅咒。

了解清楚人际交往中所需要的心理气泡，当我们进行博弈的时候，就自然会增加胜算。很简单的例子，假如一个女孩在与你争朋友。你了解你的朋友需要什么样的心理气泡，而对方则对此一无所知。所以，你就可以根据你朋友需要的心理气泡安排两人见面的时间、次数，增进彼此的感情。而对手则很可能贸然采取行动，选择了一种你朋友不喜欢的心理气泡。假使你的朋友需要的是距离美，而对手则不停地追随他，那结果可想而知，赢家肯定是聪明的你。

公开拥抱你的对手

◆ **关键词：** 对手

◆ **重要概念：** 人际交往中，豁达地当众给对手一个拥抱，比当众给其一个耳光要好得多。人际交往中的博弈，其最终目的就是大家都得到最大化的利益。

◆ **精彩案例：** 张先生的拥抱　牧师与杂货商

在人际交往中，我们经常会与各种各样的人竞争，甚至成为对手。在与他们博弈的过程中，其实并不一定要争斗得你死我活，那样会陷入斗鸡博弈的死胡同。相反，我们应豁达地还其一个拥抱，说不定最终还能达成共赢。

励志大师卡耐基曾说过这样一段话："许多年以前的一个晚上，我外出旅行时经过黄石国家公园。一位森林管理员和我们这群兴奋的游客谈起熊的故事。他说：'有一种大灰熊也许能击倒除了水牛和另一种黑熊以外的其他所有动物。但是有一天晚上，我却发现一只小动物——只有一只，能够让大灰熊和它在灯光下一起进食。那是一只臭鼬！大灰熊知道自己的巨掌一下就可以把这只臭鼬打昏，可是它为什么不那样做呢？因为它从经验里学到，那样做很不划算。我同样也懂得这个道理。我在孩童时，曾在密苏里的农庄上抓过四条腿的臭鼬；成年之后，在纽约街头也经常碰到一些像臭鼬一样的却长着两条腿的人。从许多不幸的经验中我发现，无论招惹哪一种臭鼬，都是不划算的。’当我们恨自己的仇人时，实际上等于给了他们制胜的力量。这种力量可能会影响我们的睡眠、我们的胃口、我们的血压、我们的健康和我们的快乐。如果仇人们知道他们是如何令我们担心，令我们苦恼，令我们一心想报复的话，他们一定会兴高采烈地跳起舞来。我们心中的怨怼不仅无法伤害到他们，反而使我们的生活变得像地狱一般。”

其实，人虽然也属于动物，但人是高级动物，与普通动物是有很大不同的，比如人会制造和使用工具，而动物不会制造工具；比如动物的所有行为都依其本性而发，属于自然的反应，而人的所有行为都得经过思考；比如动物见了敌人或对手会发出攻击或者逃命，而人却可以根据所需做出不同的反应，甚至可以当众给对手一个拥抱！

为什么会拥抱对手？从博弈的角度来说，这是一种主动的策略，可给对方一个定心丸或迷心丸，迷惑对方的同时，还可迷惑第三者。既让对方搞不清你此举为何意又让他猜不透你对他的态度，从而一时难以实施对你不利的计策，还让第三者搞不清楚你与对方是敌是友，不知道该不该帮助对方对付你。

简单地说，给对手拥抱，就是用拥抱使出一招障眼法，给对方与第三者一片迷雾。

张先生与李先生本是明争暗斗了多年的商业劲敌。最近，两人又在抢一块炙手可热的地盘。

为了夺得这块地盘，张先生使出了浑身解数，甚至派人到李先生的公司进行威胁，请他不要再多事，否则将用暴力来解决两人多年的恩怨。李先生当然不畏惧，毫不退让，他让人传话给张先生：“别使小人伎俩，明枪我防，暗箭我也防！这块地盘，死也不让！”

得知李先生刚烈的性格和争抢到底的决心，张先生决定放弃威胁的办法，试图用另一种博弈策略扭转局势，换得柳暗花明。

三天之后，张先生放话出去，称只要他有机会与李先生走近，必定会怒拳重出，打他个屁滚尿流。听到张先生大放厥词，李先生表面上镇定自若，其实内心翻江倒海不是滋味。

有趣的是，某电视台在某天故意请了两人一起做节目。原本两人都想拒绝邀请，但节目策划人却运用了更胜一筹的博弈策略，用“您是不是怕对方也出面，见了后尴尬”的话语来分别对二人进行刺激。结果很是奏效，要面子的两位商业大亨答应同场出席节目。

这下可好，李先生一直担惊受怕，万一人高马大的张先生见到自己真的就拳脚相加该怎么办呢？以张先生那种粗暴的脾气，有什么干不出来的！

来不及多考虑，节目开始了，强壮的张先生和瘦弱的李先生应邀站到了一起，一些等着看李先生被打或等着看张先生大失形象的人各怀“鬼胎”地站在一边，而大多数观众则怀着忐忑不安的心情盯着二人！就在众人屏住呼吸观察二人时，张先生突然做出了一个令人震惊的举动——拥抱对手李先生。

这个拥抱，不仅让在场的人摸不着头脑，也让李先生错愕。片刻之后，全场响起了震耳欲聋的喝彩声！

之后，再没有听见两人抢地盘的消息，据说李先生主动退出了这场争夺。

可见，当众给对方一个拥抱，得到的效果是多么令人意想不到！

还有一个例子。曾经有一间生意不错的小杂货店，有一天它的对面新开了一家大型连锁商店，这家商店即将打垮小杂货店。于是，小杂货店的老板忧虑地找牧师诉苦。

牧师说：“如果你对这家连锁商店心存畏惧，你就会仇视它，仇恨便成了你真正的对手。”

小杂货店老板慌乱地问：“我该怎么办？”

牧师建议：“每天早上站在你的杂货店门前祝福自己生意兴隆，然后转过身去，也同样地祝福那家连锁商店生意红火，并当众拥抱你自己的对手。”

小杂货店老板气愤地说：“为什么要拥抱我的对手？”

牧师说：“你的任何祝福都会变成福气，回归于你。你所给的任何诅咒，也同样会将你自己导向失败。”

一段日子后，正如这人当初所担心的，他的杂货店关门了，但他却被聘为那家连锁商店的经理，而且收入比以前更好。

可见，人际交往中，豁达地当众给对手一个拥抱，比当众给其一个耳光要好得多。人际交往中的博弈，最终目的就是大家都得到最大化的利益。而如果一个拥抱就能达到这样的效果，我们又何乐而不为呢？

四 既做兔子，又做乌龟

——职场中的博弈

阅读指南：

在与老板的博弈中，一定要学会服从自己的老板。

与上司的博弈武器除了真枪实干的硬功夫，还有兵不厌诈的软刀子。

从短期看，通常员工跳槽都以新单位承认其更高的人力资源价值为理由；如果从长期看，员工跳槽的前一阶段时间会影响到未来雇主对其人力资源价值的评估。

如果你希望在博弈中取胜，你就应该具备“乌龟”的坚持不懈的精神，同时又要拥有“兔子”超强的爆发力和飞快的速度。

在与老板的博弈中，如果想要让老板给你加薪，那么就必须主动提出来。提的数额不应太低，因为提得越低，你在老板眼里的身价也就越低。

老板永远是对的

◆ **关键词：** 服从

◆ **重要概念：** 在与老板的博弈中，一定要学会服从自己的老板。

◆ **精彩案例：** 露露的辞职　杨帅的服从　张楚的尴尬

人与人在交往的过程中，彼此尊重是很重要的，特别是老板，他会很在意下属是否尊重他。不尊重老板的人是无知的，与老板较劲的人也是不成熟的，因为，在现实社会里，老板就是你的老大，他永远是对的。

如果你不尊重老板，他不仅会对你产生厌恶，甚至会将你的行为理解为对他个人权威的蔑视。生活中时常可以听到员工抱怨自己的老板吝啬、虚伪或是有其他的缺点，但在此之前，你必须弄清楚一点:没有人逼迫你为这样的老板工作，如果你的老板真的如你所说的那样一无是处或吝啬，你大可以选择离开，而不是在背后指责他的种种不是。

露露是一名初涉职场的应届大学毕业生，对于职场的很多规矩和潜在法则并不十分了解。一天，露露的老板因为贪便宜进了一批冒牌货，得罪了公司的一个老客户，老板和老客户大吵了一架，并让露露发封邮件与这个客户断绝合作关系。然而过了不久，老板火气消了人也清醒了，便叫露露赶紧再发一封邮件向客户道歉，表明以后继续合作。露露当即向老板表示，自己根本没有将那封邮件发出去，满心以为老板会表扬自己，谁知道却遭到了老板的批评。

露露委屈地说："我知道您一定会后悔，所以帮您压下了。我知道什么该发，什么不该发。"

老板听后没有做任何表示，但很快，露露就感到老板对自己的态度发生了很大的变化，似乎自己做什么他都看不惯。后来，不甘忍受白眼的露露只好主动提出辞职了。

实际上，老板是公司的核心人物，他自己的言行及决策对公司有很大的影响。老板的决策往往是经过深思熟虑的，当然也不排除有时候会感情用事。但不管怎样，当他决策下达之后，无论你是否同意他的观点和想法，你都应立即去执行，最起码应当尊重他的劳动。不懂得尊重你的老板，吃亏的是你自己。

特别是在现代职场博弈中，尊重老板就是保住饭碗的首要条件。仅仅凭着自己掌握的技能和勤恳的工作就想在职场游刃有余、出人头地，未免有些过分乐观。一个人的能力和勤奋固然很重要，但是对于一个优秀的员工来说，仅仅做到这两点是远远不够的。很多员工很有能力，工作也很努力，但却始终得不到领导的赏识，原因就在于没有对老板"三从"，也就是:领导的命令要服从；领导的教诲要听从；领导的步子要跟从。记住，你和老板永远差一步，身在职场，"三从"是一个优秀职员必须要练就的基本功之一，也是职场博弈中应该重视的规律。

杨帅大学毕业后应聘进入了一家中等规模的公司当文员。刚开始上班时，他认为只要把自己的本职工作做好就万事大吉了。但是，后来他发现很多不在他工作范围内的事情，老板也会安排他去做。例如打扫办公室，整理办公桌等等。有时候做不好还会遭到批评，他感到非常郁闷，觉得老板是在故意整他，把他当作苦力来使。渐渐地，他有了不满的情绪，甚至想要跳槽换个环境。

有一天，老板因为一件事情与客户发生了争执，恰好杨帅当时在场，老板就随口叫杨帅“送”走客户。杨帅立即照做了。送走客户后，老板又对杨帅说：“三天后，你给这个客户打电话，取消订单，看他怎么办。”杨帅当时想拒绝，因为这个客户是部门主管精心开发和维护的，取消合作应该由部门主管来做。但当时为了尊重老板，还是答应了下来。

一周后，令杨帅意想不到的是，那位客户竟然主动打来电话道歉，同时含蓄地表示可以继续合作。杨帅将消息告诉了老板，老板早有预料地点点头，并对杨帅说：“好了，没你的事了，这件事情由部门主管来负责就成，你把办公室清理一下。”当时，听到这话后，杨帅有一种被打入十八层地狱的感觉，他表面上答应，心里却想着辞职算了。

后来，一位老同事悄悄告诉他：这是公司的规矩，老板都会用这种方式考验下属的工作耐心和工作热情。老板给你增加额外的工作，是在考验你的承受能力和应变能力，千万不要错过这样的机会。杨帅听了同事的话，很快转变了态度。此后，有什么累活、麻烦活，他总是很主动地承担下来，从此得到了老板的赏识。半年后，他被提拔为总裁助理。

其实，在职场中，老板和下属的关系是不能用简单的对错来区分的。况且，即使老板真的在处理某些问题的时候出现了差错或失误，你也不应该当面指出或是公开予以反驳。

在职员与老板的二人博弈中，老板的权力比职员大，在任何情况下都占有优势，职员永远处于劣势，所以在这场博弈中，职员与老板发生冲突，其结果是老板永远获益。那么，作为职员，就应该明白，下属的职责不是替老板去判断对错，而是根据老板的指令去完成工作。在老板的眼里，服从永远是最重要的。你所能做的就是当老板的命令下达时，准确而认真地完成老板交与你的任务。

张楚到一家新公司不久，就发现与老板的思想有太多格格不入之处。老板似乎也是刚着手做这个行业，还不精通，而张楚已经在这个行业从业5年了。本以为以自己的能力能帮公司分担不少东西，没想到在老板眼里，张楚的点子就是垃圾一般，从来都不采取。有一次，眼看老板要执行一个错误的决定，张楚立即当众说："老板，您这个思路有问题……"令张楚想不到的是，老板根本不听自己的，还是一意孤行。

更可气的是，从此以后，老板连一些基本的事情都不愿意让张楚插手了。张楚心里也明白，这是老板在逼着他走人呢。

其实，所有的员工是一个团体，作为领导，他在这个团体中的时间比你长，也已经建立了他的管理原则和行动的方向，从而带领这个团体实现高效运转。你可能因为暂时性的不适应而导致对老板的工作方式和方法产生怀疑，但即使如此，你也应当积极配合老板完成工作。如果每个人都不听从老板的话，都按照自己的想法去行事，那么用不了多长时间，公司就会垮掉。当然了，如果是一意孤行不分对错的老板，那也劝你尽早离开他，跟这样的老板做事，没前途。

很多时候，老板虽然在能力方面不一定比你强，但在用人等方面肯定比你老练。高明的下属，是绝对不会对老板评头论足的，读懂了老板，你就读懂了职场的一半。

当然，仅仅只有这些是不够的，你还要学会跟从自己的老板，任何时候都不和老板唱反调，和老板的步调保持一致。

总之，在与老板的博弈中，一定要学会服从。学会了服从，老板就会把你当成自己人，并给予你更多的施展空间。

如何对付鬼上司

◆ **关键词：**鬼上司

◆ **重要概念：**鬼上司指的是一些毛病较多的上司，他们苛刻虚伪，十分难相处。

◆ **精彩案例：**多疑的上司　喜欢"吃马屁"的上司

在职场的博弈中，我们会遇到比同事关系还要难应付的事情，那就是对付鬼上司。

踏进公司的第一天起，你注定要和你的上司进行一场博弈。你要听他的指令，完成他安排的任务，和他沟通自己的设想，实现自己的计划。你还要忍受他的疑心、小气，要忍受他到老板那里去告你的小状。除了忍受，你还要虚伪地回以奉承。

但有一点你要记住，无论你的上司是疑心鬼还是吃屁鬼，在这场特殊的博弈中，你都要把持住自己的理智，尽量使出手腕，别迷失了方向。因为在职场，上司就是上司，他不是普通同事和朋友，也不是老板，而是你的直接领导人。

小秦的上司是一个多疑的人，总认为别人在背后议论他，有时候还会产生一系列的错觉，总把自己的一些想法强加给别人。尤其是对周围的事物太过敏感，太在意他人对自己的评价和态度，经常制造不好的情绪。

一天，小秦与小许从茶水间出来，边走边窃窃私语，聊一些女孩之间的话题。不料却被上司——部门经理徐先生看见，徐先生当时就断定她们在说他坏话，心里感觉极不舒服。

原来，小许半年前因为出差补助问题，当着大家的面和徐经理理论过，从此两个人就结下了疙瘩，徐经理深知这件事自己并不占理，加之小许业绩好，平时工作没挑的，对她也就没机会下“黑手”。

小秦是半个月前来公司做销售的，不知什么原因，她和小许一见如故，两个人总在一起讨论些娱乐八卦、穿衣打扮方面的事。多疑的徐经理却觉得，小许一定在拉拢小秦和自己对着干。

徐经理决定要好好开导小秦一番，将小秦叫到自己办公室，说：“小秦啊，作为一个经理我想我有责任提醒你，要注意一下自己的言行，不要被人利用，更不要有拉帮结派的思想。”听了徐经理的话，小秦好像掉进了迷雾中，一时摸不着头脑。

徐经理又说了：“小秦，你看我们这个部门有十几个人，你要争取和大家都搞好关系，其余的我也不多说了，总之你好自为之吧。”

小秦耷拉着脑袋走出经理办公室，一头雾水。心想：这个男人，实在是太多疑、太自作多情了。

但是转念一想，小秦也豁然开朗，是啊，公司那么多同事，干吗非要与小许腻在一起呢，让人看着是不舒服。后来，小秦就主动与其他同事也走得较近，而与小许，在公司尽量减少在一起的时间，下班回家私下里则总一起逛街、吃饭，联络感情。

渐渐地，小秦的做法终于让徐经理放松了很多，他对小秦的工作也十分满意。

现实生活中，与上司博弈之前，一定要弄清楚上司的性格，再对症下药，比如，有的上司天生就喜欢人家拍他马屁。

一般来说，喜欢被人拍马屁的上司大都有几分自恋倾向，同时这种人具有较强的虚荣心。当他被人奉承的时候，心里总会产生一种飘飘欲仙的成就感，这时，巧舌如簧的拍马屁者便理所应当地成了他眼中识时务的俊杰。

一个月前，美美和琳琳分别被上司姜先生派到法国和英国参加行业展会。琳琳很不服气：凭着自己过人的应变能力和推广经验，怎么也应该是自己去参加英国的展会，而轮不到只会发嗲的美美。要知道，法国那个展会无论规模还是层次都和英国的展会没法比，而且，自己想去英国走一走看一看的梦想，是公司人尽皆知的。可是，姜先生就是把去英国的机会派给了美美。

后来才知道，美美是口生莲花的马屁精，一番赞美的话加上一个小礼物，就讨好了姜先生，自然，那张飞向英国的机票就归了她。

更让琳琳感到不平的是，季末的季度奖，美美竟然比自己多拿了10000块钱。10000块钱不是小数目，而且代表着上司对自己工作的认可程度。琳琳觉得自己和这样一位马屁精做搭档，再加上遇到一位好吃马屁的上司，真是倒霉透了。

琳琳沮丧地坐在椅子上生闷气，可她不知道，人家美美正悠闲地修着指甲，想着晚上和男友的约会；而姜先生正有滋有味地欣赏着美美从英国带回的礼物呢。

实际上，琳琳在这场博弈中显得不够老练，并且有点自命清高了。要知道，职场的博弈，少不了手腕。如果遇到好吃马屁的上司，就不要吝啬你的赞美词汇，该拍的时候还是要拍的。想一想，反正好话坏话都是说，多说几句对方爱听的话自己也不会遭报应。与鬼上司的博弈武器除了真枪实干的硬功夫，还有兵不厌诈的软刀子。拍几句马屁不会显得你低三下四，反而会赢得可小可大的利益。所以，必要时刻，还是应该在表面上从了上司的意。

如何与不喜欢的人做同事

◆ **关键词：** 多角度策略运用　正和博弈

◆ **重要概念：** 在与我们不喜欢的人共事的过程中，我们要在心态上放平和，必要的时候把他拉拢过来，做到多角度策略的灵活运用，实现正和博弈。

◆ **精彩案例：** 张万基的若无其事　菲拉将同事推出门外　乔尔的智慧

在职场的博弈中，我们除了和上司为了薪水斗智斗勇外，还会与各种肚子里写满“小九九”的同事进行较量。一般来说，我们每一个人都有一种与生俱来的本能，那就是愿意与自己喜欢、欣赏的人交往共事，而对于那些自己不喜欢的人则避而远之，不愿意和他打交道。然而，生活中哪有那么多如愿以偿的事情呢？有时候我们不得不去和心里不喜欢，甚至是非常厌恶的那些人做同事，当然，共事的过程中，免不了一场惊心动魄的博弈。

睿智的人在遇到反对意见的时候，会尽量使自己做一些小让步，从而来换取大和谐。每当一个争执发生的时候他们总是在心里思考着：如果我退让一步会不会影响我太多的利益呢？因此应付别人最好的方法就是在小的地方让步，以保证大的方面能够获得利益。因为我们博弈的目的，就是获取最大的利益！正所谓“小不忍，则乱大谋”。

与不喜欢的同事发生意见上的分歧时，你可以在某些时候，将你的意见暂时收回一下，平静地对待对方的反对、讥讽甚至暴怒，做到以不变应万变。

张万基是一家公司的业务经理，曾经有一位同事突然间跑到了他的办公室，猛地拍着办公桌，大声地吼道：“张万基，我非常恨你！”紧接着，这位同事满口脏话骂了张万基足足有十分钟，办公室里的一些人都非常生气，他们认为张万基应立即把他驱逐出去，但是，张万基并没有这么做，而是停下手里的工作，平静地看着那个人什么也没有说，那个人越暴躁他就越平静。

那个人被张万基的态度弄得不知所措，事实上他是专门来找张万基麻烦的，可是张万基一反常态的做法，让他把原本想好的许多话全部忘记了，无奈，临走时他又在张万基的桌子上狠狠地敲了几下，以发泄自己严重不满的情绪，但是张万基呢，就跟什么事情也没有发生过一样，重新拿起笔，做他自己的事情去了，那个疯子只好转过头无可奈何地走了。

可见，遇到一些比较“野蛮”的同事的时候，不理睬他对自己的攻击，本身就是对他们的最严厉的回击。而且，他是你的同事，假如你真的与这样的人大打出手，到时候公司也不会容忍你们任何人，就好比陷入了斗鸡博弈中，谁也得不到好处。

那些成功的人之所以成功，就在于每次对手急急忙忙地向他们发动攻击的时候，他们依然保持着惊人的冷静和沉着。可是，当你真的遇上非常讨厌的家伙并涉及原则性的问题的时候，你怎么办呢？还是一味地忍气吞声吗？答案当然是否定的。该强势的时候还是要强势！

一天，菲拉在聚精会神地工作，忽然间她的办公室里闯进了一位非常难缠的人，这个人是她的同事，纠缠着让菲拉与她调换岗位，菲拉和气地对她说："我的朋友，我实在无能为力，请你理解我。"不想，那个人得寸进尺，大声地质问菲拉："那么，菲拉小姐，你的意思就是不肯帮助我了？"菲拉注视了那人几秒钟，然后走过去把她推出了办公室，又把门重重地关上了。那个人一见平日里总是忍让同事的菲拉今日竟然发这么大的火，一时间也没了主意。而且被推出了门外，她再想进来纠缠，也不可能。即便领导知道了菲拉将同事推出门外，也会追问什么原因，从这个角度来说，菲拉也不会吃大亏。

可见，适当地发火压制住对方，其实也是必要的。现实生活中，每一个人都是一样的，不仅要行使我们的权利，还要维护自己的尊严。当然，并不是每个同事都胡搅蛮缠，更多的同事是比较有心机的，这种人，可不是推出门外或置之不理那么简单。

乔尔在一家大型外资企业上班，公司里的同事每一个都非常精明，每个人的心里都打着一个小算盘。最近，公司里有晋升的机会，乔尔所在部门的十几个同事都想得到这个机会，但是上级分配给他们部门的职位只有两个，这就意味着有十来个同事将要被淘汰。面对这样的竞争，同事们都在私下盘算着，互相揪着彼此的把柄，找着别人的错，或是组成小集团增强自身实力。这时候，一个同事将乔尔以前犯的一个小错，偷偷地在小集团内传开。乔尔也知道是谁在搞鬼，他不仅没有与他撕破脸，互相纠缠，反而还私下请他吃饭，并将他拉拢，说兄弟俩一起晋升把握会更大，而且，就算只有一方得到了晋升，那对另一方也没有坏处。在乔尔的努力下，这个人终于与乔尔团结起来，由于此人鬼点子多，加上乔尔的业绩本就突出，两人还真的都得到了晋升。

可见，在与我们不喜欢的人共事的过程中，我们要在心态上放平和，必要的时候把他拉拢过来，做到多角度策略的灵活运用，实现正和博弈。

跳槽也是大学问

◆ **关键词：** 跳槽

◆ **重要概念：** 跳槽指自愿向高级领导请求辞职。

◆ **精彩案例：** 秀巧的抉择　晁悠的高强　失意的李咪

基本上，每个人都知道“此处不留人，自有留人处”这个道理。跳槽已成为一件稀松平常的事，但你也要记住，并非在任何时候跳槽都是一件有益的事。当情况不利时，跳槽就会变成一种风险，最终有可能就成为了负和博弈。

既然有时跳槽会是一种风险，我们又如何判断该不该跳槽呢？实际上，我们可以通过运用博弈的原理，判断对自己是否有利。下面就是一个关于跳槽博弈的例子，我们可以一起来看看其中的利弊分析。

假设

1.员工秀巧在外贸公司A从事跟单的工作，人力资源价值是6000元/月；

2.由于种种原因秀巧有从A跳槽的意向；

3.她在人才市场上投递了若干份简历后，得到了几次面试机会，最终有一家公司B表示愿以8000元/月的薪酬聘任她从事与跟单类似的工作(8000>6000)。

这时，外贸公司A面临两种选择：

1.默认秀巧的跳槽行为，以p元/月的薪酬聘任N从事跟单岗位的工作(8000>p)；

2.拒绝秀巧的跳槽行为，将秀巧的薪酬提升到q元/月，当然工资一定要大于或等于8000元，员工秀巧才不会跳槽。

从上面的分析我们可以看出：

1.当员工秀巧有跳槽的想法时，外贸公司A和员工秀巧之间的信息就不对称了。很明显，员工秀巧占有更充分的信息，因为外贸公司A不知道B愿给秀巧支付多少薪酬。当员工秀巧提出辞职时，外贸公司A会首先考虑到员工秀巧所处岗位人力资源的可替代性。

2.如果秀巧人力资源不具有可替代性，那么外贸公司A就会以提高薪酬的方式留住秀巧，员工秀巧与外贸公司经过讨价还价后，外贸公司A会将员工秀巧的薪酬提升到大于或等于8000元/月的水平。

3.如果秀巧所处岗位人力资源具有可替代性，那么外贸公司A就会默认秀巧的跳槽行为。

实际上，每个单位都会针对员工的跳槽申请做出两种选择：默许或挽留。相对来说，员工也会做出两种选择：跳槽或留任。而在对待跳槽的问题上，单位和员工都会从自身的利益出发，讨价还价，最后做出对自己有利的选择。从博弈学角度来讲，无论员工最后是否会跳槽，都是这一博弈的“纳什均衡”。

以上只是从信息经济学角度而进行的理论分析。实际上，当存在招聘成本时，即便人力资源具有可替代性，单位也会在事前或事后采用非提薪的手段阻止员工跳槽。例如，事前手段：单位与员工签订就业合同时，约定一定的工作时限和违约金额；事后手段：限制户籍或档案移动；以及扣押员工工资，扣押员工学历证书或相关资格证，等等。

当然，对于员工来说，跳槽也存在择业成本和一定的风险，是一场艰难的博弈。为什么这么说，显而易见，跳槽之后能不能及时找到工作，找到工作后新单位是否有发展前景，到新单位后能不能受到重视，新单位所给的利益是否足够弥补原来的同事情缘？……种种这些问题，都是员工在跳槽过程中必须考虑到的。虽然对工作来讲，这只是一次简单的跳槽的博弈，但从整个人生来看，一个人一生要换多家单位，尤其是年轻时期跳槽更为频繁，因此总的来说，如果将一个员工一生中多次分散的跳槽博弈组合在一起，就构成了多阶段持续性的跳槽博弈，且环环相扣，影响一生。因此，每一次跳槽都应该足够重视，决不能产生负和博弈。

高强是应届大学毕业生，毕业后在一家建材公司做销售。他曾听人说，对刚毕业的大学生来说，第一份工作往往都只是一个跳板，学点经验罢了，不可能做长久的。他觉得此话很有道理，刚毕业不应该“把自己定位太死”，应该多尝试，多学习。上班没多久，他就觉得销售难做，所以赶紧跳槽找了一份文员的工作，但没多久，他又觉得男孩做文员很难有前途，所以又换了一个跑业务的工作……半年内他换了四份工作，现在又失业了。他很想尽快找到那份可以让自己干一辈子的工作，但让他郁闷的是，他找到的似乎都只是晃晃悠悠的跳板。更让他郁闷的是，现在连晃悠的跳板也不那么好找了。单从求职的角度来说，高强的跳槽困境在于他起初就没有给自己很好的定位，以至于到现在还不知道自己该从事什么样的工作。

从博弈的角度来说，上述例子表明：1.究竟该不该跳槽，与报酬和工作岗位以及发展空间都有莫大的关系。2.员工每跳一次槽就会给下一个雇主提供有关自己正面或负面的信息，比如：

跳槽过于频繁的员工会让用人单位觉得不够忠诚；以往职位一路看涨的员工会给用人单位有发展潜力的感觉；长期徘徊于小单位的员工会让用人单位觉得缺乏魄力……

李咪曾是某广告公司的设计师，最近，一家新的广告公司B正急需人才，于是就想把能干的李咪挖过去。李咪在原来公司月薪是12000元，B得知后表示愿意给李咪每月15000元的工资。贪图一时之利，李咪决定跳槽，可是离开老东家之后，李咪才发现，B的企业文化根本不行，也没有团队精神，员工都是各干各的，没有头脑风暴，没有集思广益，有的只是老板和总设计师的独断专行、一意孤行。自从来到B后，李咪的创意就处处受到总设计师的打压，可能是出于私人目的，也可能是整个公司的设计风格不能接受李咪的创意，总之，李咪已经失去了干下去的念头。可是如果这时再回老东家的话，似乎又很没面子，只能硬着头皮一边上班一边重新找工作。而对于新东家B来说，李咪来这里之后，没有提交出任何令人满意的作品，反而拿着不菲的工资，自然就对李咪的印象大打折扣。

实际上，一般情况下，员工跳槽都以新单位承认其更高的人力资源价值为理由；但是如果从长期看，员工跳槽的前一阶段时间会影响到未来雇主对其人力资源价值的评估。因此我们可以说，员工在选择跳槽时，也是在为自己的短期利益与长期利益进行博弈。

俗话说，铁打的营盘流水的兵，如今跳槽已是一种常见的职场博弈现象。对求职者来说，跳槽或许是为了寻找更好的发展平台，寻找更高的目标。但事实上，并不是所有人都可以通过跳槽实现梦想。因为跳槽的博弈，不是人人都能参透的，你必须对博弈论了解透彻，才有可能最终实现利益最大化。

既做兔子，又做乌龟

◆ 关键词：兔子　乌龟

◆ 重要概念：如果你希望在博弈中取胜，你就应该具备“乌龟”的坚持不懈的精神，同时又要学习“兔子”超强的爆发力和飞快的速度。

◆ 精彩案例：小于和小倩　周新的工作　乔治的成功

龟兔赛跑的故事大家都听说过吧，兔子和乌龟赛跑，兔子本来跑得很快，但是却在中途休息时睡着了，本应该得第一，结果却得了第二。而慢吞吞爬行的乌龟，却脚踏实地、坚持不懈，最终赢了兔子得了第一。其实，职场博弈也同于赛跑，那么，在跑道上，我们是做那只健步如飞却懈怠的兔子还是做那只笨手笨脚却持之以恒的乌龟呢？

对职场人士来说，刚踏入公司就能进高层的人少之又少，大部分人都是从基层一步一步做起的，只有那些吃苦耐劳的人才能有大作为。所以，如果你希望自己有大作为，你就应该具备“乌龟”的坚持不懈的精神。但是，如果你只具备坚持不懈的精神，而不具备高效率也是不行的，你必须同时还要拥有“兔子”超强的爆发力和飞快的速度。

2008年，激烈的市场竞争加上经济危机，让失业队伍变得越来越庞大，很多人开始怨天尤人。其实工作也并非找不到，主要是你肯不肯做。很多人眼高手低，不愿意从最底层做起。他们觉得自己文凭高、学历高，做那些基层的事情丢人现眼，即使做也是提不起丝毫精神，三天打鱼，两天晒网。只有一步一个脚印，坚持不懈的人，才能最终到达成功的终点。

有两个大学毕业生小于和小倩。小于踏实本分，毕业后就找到了一份做普通文员的工作，当时，很多同学都劝她："小于，别去做小文员，端茶倒水、做做表格的，一点用武之地都没有。"当然，还有的同学说得更加不入耳。对于同学们的劝说，小于谢过了她们。但是她始终认为，三百六十行，行行出状元，只要自己脚踏实地，一定会做出成绩的。功夫不负有心人，小于的踏实本分使她赢得了公司的青睐，现在，小于已经是公司的行政经理了。

而小倩聪明能干，爆发力强，毕业后就进了一家大企业做策划。由于积极主动、高效高质的工作作风，小倩很快得到了老板的赏识，目前已经是这家企业的策划总监了。

小于和小倩的例子告诉我们，在当今职场博弈中，要想取得胜利，就应该同时具备兔子和乌龟的优点，发挥自己的专长，坚持不懈。

实际上，工作无所谓贵贱，但工作态度却有高尚与卑微之分。有的时候人们没有能力挑选工作，但却有能力端正自己的工作态度。一些人之所以牢骚满腹，并不是真的时运不济、上天不公，而是因为自身工作态度没有端正。原本就"做一天和尚撞一天钟"，还能期望有什么好的出路呢。

周新刚毕业时找了一家单位做销售，但是销售压力大，周新没有能坚持下来。他又到了另一家公司做广告设计员，可惜专业技术又不如人，自己也不虚心学习，后来还是遗憾地走了。之后，周新一连找了好几家公司，最后都沮丧地离开了。有的是主动辞职的，有的是被辞退的。渐渐地，周新开始怨天尤人，开始泡网吧、喝酒。最近，又突然想起考公务员，但报名之后也没有发现他在复习课程。

其实，周新之所以就业不顺利，并不是因为时运不佳，而是在于他没有给自己一个准确的定位。自己不踏实本分，又缺乏积极进取的心态，当然找不到好工作了。

还有这样一个故事，一个叫乔治的英国人移民到了美国，他没有什么学历，也没有什么技术，因此就想找一份快餐店的工作。因为刚移民到美国，加上没有这方面的工作经验，前几家店主都拒绝了他。到第五家的时候，乔治的真诚感动了经理。经理告诉他："我们这里刚好缺一名清洁工，你愿意做吗？但工资很低，每月只有300元。"乔治马上表示自己非常愿意接受这份工作，并会尽全力完成这份工作。

于是乔治认真地工作起来，尽管快餐店的工作非常琐碎繁杂，但他非常敬业，而且非常勤奋，顾客对这个小伙子十分满意。一个月后，他就被提拔成这家连锁店的经理。做了经理后，乔治工作依然热情，他努力改善业务关系，提高工作效率。不久，他的这个店的业绩直线上升，顾客的好评如潮。

一年后，连锁店的老板把他叫到了办公室，对他说："乔治先生，不知道你有没有兴趣帮我去管理有200户住户的大厦？"此时乔治才知道，老板还是一家房地产的大股东。

乔治等老板讲完后没有喜形于色，而是真诚地对老板说："我没有这方面的经验，对管理大厦一窍不通。"

老板笑着对他说："你同样没有做过快餐店的工作，但你一年内把利润增加了65%。管理大厦和管理快餐店的道理是一样的，只要你勤勤恳恳，对工作热情，保持乐观与一丝不苟的精神就够了。”

于是乔治高高兴兴地到大厦工作去了，他依旧很勤恳、热情，工作做得非常出色。不久，他就被提拔为总公司的总裁助理。

这就是态度问题——同时具备乌龟坚持不懈的精神和兔子超强的爆发力和效率。只有这样的人，才能在职场博弈中取得最大化的利益。

如何让老板加薪水

◆ **关键词：** 加薪

◆ **重要概念：** 员工在与老板的博弈中，如果想要让老板给你加薪，那么就必须主动提出来。提的数额不应太低，因为提得越低，在老板眼里的身价也就越低。

◆ **精彩案例：** 夏琴的加薪要求　王坤的低要求

在职场中，老板与员工的关系历来就是一对矛盾的统一体，老板与员工之间的博弈，基本是围绕薪水与效率展开的。作为老板，他肯定希望少发员工薪水，提高员工工作效率。而作为员工，他则希望老板多给自己发薪水，少让自己干活。在这种矛盾的博弈中，自然就会产生众多的权衡与抉择。

一般来讲，绝大多数职场人士，在与老板进行博弈的时候都是围绕薪水进行的。但在这场博弈中，作为员工的你，如何才能获胜呢？

夏琴是一名普通的会计，本来，公司里有两名会计，两人应付公司安排的事情还凑合，至少不用加班也能完成，每天能按时在下午五点下班。但是近三个月来，夏琴的活儿明显增多了，经常加班到晚上七八点钟。因为另一位同事怀孕了，每天基本上干不了多少活。想到自己也是女人，将来也会怀孕，夏琴就多照顾了些那位同事。可是这样一来，自己辛苦了不少。夏琴感慨地说：“原来自己做一个半人的活儿，是那么的难以应付。”

经过再三考虑，夏琴认为应该让老板给自己加点薪水，至少给点奖金吧。毕竟自己付出太多，老板应该理解的。可是几个月来，无论自己怎样做，老板似乎都像没有看见一样，丝毫没有加薪水的念头。于是，夏琴决定自己主动提出此事。她找到了老板，微笑着对老板说：“总经理，我想请求您给我加薪水，要么您就再招一个人帮我分担些活。因为现在活太多了，我一个人实在太忙，另一个同事都快生产了，我们又不能够让她干太多活。我想，您每个月给我加七八百块应该也不算太难吧。”老板听后想了想，自己也清楚最近夏琴真的辛苦了不少，虽然老加班，但是账目从来就没有出过错。于是就答应了夏琴的要求，按照夏琴提出的数字为她加了薪水。

可见，作为员工，如果想要让老板给你加薪，那么就必须主动提出来。你不提，不管用什么博弈招数都没用。不过，当你在向老板要求加工资时，除了把加工资的理由一条一条摆出来，详细说明你为公司做了什么贡献而应该提高报酬之外，最重要的应该是确定自己提出的加薪数额。而且，你提出的数额，应该超过你自己觉得应该得到的数额。因为提的数额越低，在老板眼里的身价也就越低。

王坤在公司已经工作了足足一年，这一年来不说功劳也有苦劳，而且王坤也较为勤奋，只是肚子里没有什么花花肠子，更别提要手腕了，所以一直没有得到升职和加薪的机会，机会总是被别的同事抢了去。最近，王坤想到了找领导谈一谈，要是领导不给加薪，只好另谋他就了。

王坤找到了领导，领导当即就同意为王坤加薪，还说了一些感谢王坤一年来勤勤恳恳工作，为公司分忧的话。这下王坤可被彻底感动了，当领导问他需要加多少薪水时，他为了给公司“省钱”，为了给领导留下一个体贴公司的好印象，竟然说：“我要求的不多，您每个月给我加200吧。”领导当时脸色迅速转变了一下，之后又恢复正常，欣然同意。可是薪水虽然是涨了，领导对王坤的看法却越来越差了，王坤百思不得其解。后来，有好心的同事告诉他：“王坤啊王坤，自己要主动提涨薪的事儿，就一口气多提点，你提那么点儿值得主动去找领导吗？还弄得他认为你就值那么点钱似的，怎么会器重你呢？”王坤若有所思地问道：“那，有同事主动要求涨薪吗？要求涨多少呀？”同事微笑着说道：“最少也应提出你所说的涨工资的一倍。”

这个例子说明，你如果不在乎别人小看，就别要求涨工资。你要是主动要求涨工资，就应合理地提出要求，不要过高，更不要太低，要求太低就是让人看轻自己。

所以，在你与老板之间形成的博弈对局中，老板会综合地分析你的能力和价值，判断出该给你加薪的幅度，并以此作为讨价还价的依据。如果你的理由充分，又有事实根据，即使跟老板对你的看法有出入，老板也会设法协调。但是，如果你在加薪的对局中，提出的要求很低，那么你就无疑处于下风，让老板对你的看法更加不如从前。

骑虎难下，放弃薪水？

◆ **关键词：** 不为薪水而工作

◆ **重要概念：** 如果你是一个博弈爱好者，你一定会衡量并得知，能力比金钱重要万倍，因为它不会遗失也不会被偷，而且会给你创造出更大的价值。

◆ **精彩案例：** 媛媛的求职经历

假如你是一位职场人士，一定会与老板进行各种博弈，而这一切，都是以薪水和你的劳动为中心的。当你求加薪而不得，陷入骑虎难下的博弈局面时，你有没有想过不为薪水而工作？

年轻的姑娘媛媛到一家推销建材的公司去应聘，负责招聘的部门经理上下打量了她，看她面孔娇嫩漂亮，衣着时尚，就连忙摇头道：“像你这样年轻漂亮的姑娘，怎么能干这种活儿呢？我们天天在工地上跑，和粗重的机器还有粗鲁的工人们打交道，你受得了吗？”

媛媛坚定地说：“我想试试，我不怕吃苦。”

经理想了想，又说：“我们的工资是浮动工资，基本工资只有500元。”要知道，这500元，连一个人一个月的吃饭钱都不够，更别提房租、车费、电话费了。

很多人可能会认为，如果是我，我绝对不干这样的工作。

但是面对极具挑战性的工作，面对这位经理的苛刻条件，媛媛没有犹豫，她点头表示接受。

没有想到，经理又说了："我们公司不负责给员工上保险，而且电话费、交通费一律自理。"

也不知是公司的制度苛刻，还是这位经理故意刁难媛媛，媛媛没有去多想，她说："没问题。"

经理的话还没有说完，他又提出了一个让一般年轻人很难接受的条件："我们规定的销售额是一个月100万元，看你也没有这方面经验，你的销售额可以降低到50万元。"

可能这位经理当时主观地认为媛媛根本不可能胜任这个工作，就处处刁难，想让媛媛知难而退，但是没有想到媛媛竟然全部答应了下来。还说："好，完不成，我分文不要。不过，我指的是月销售额100万元。"

媛媛说这句话的时候，经理似乎惊呆了。其实媛媛心里很清楚这位经理的非人道的刁难，但面对这场博弈，此刻必须破釜沉舟，因为她太需要这份工作了，而且，她相信，能力比金钱更重要，只要自己有能力，相信完全可以赚到更多的金钱，完全可以得到想要的地位。

经理终于不情愿地同意录用媛媛。之后，媛媛四处奔波，几乎没日没夜，她不时地激励自己："你一定能行！"她始终坚信，一个人，必须只能用能力、毅力与创新力来证明自己的价值。

转眼间，考核期到了，媛媛竟然超额完成了公司规定的任务！她也因此得到了公司的销售冠军，并很快取代了当初招聘她的那位经理的位置，最终也获得了丰厚的利益。

实际上，工作所给你的，要比你为它付出的更多。如果你将工作视为一种积极的学习经验，那么，每一项工作中都包含着许多个人成长的机会。

为薪水而工作，看起来目的明确，但是往往被短期利益蒙蔽了心智，使我们看不清未来发展的道路，结果使得我们即便日后奋起直追，振作努力，也无法超越。

那些不满于薪水低而敷衍了事工作的人，固然对老板是一种损害，但是长此以往，无异于使自己的生命枯萎，将自己的希望断送，一生只能做一个庸庸碌碌、心胸狭隘的懦夫。他们埋没了自己的才能，湮灭了自己的创造力。

因此，面对微薄的薪水，你应当懂得，雇主支付给你的工作报酬固然是金钱，但你在工作中给予自己的报酬，乃是珍贵的经验、良好的训练、才能的表现和品格的建立。这些东西与金钱相比，其价值要高出千万倍。

工作所给你的，要比你为它付出的更多。如果你将工作视为一种积极的学习经验，那么，每一项工作中都包含着许多个人成长的机会。

如果你是一个博弈爱好者，你一定会知道，能力比金钱重要万倍。因为从博弈的角度来说：1.能力不会遗失也不会被偷，而且会给你创造出更大的价值。2.如果你有机会去研究那些成功人士，就会发现他们并非始终高居事业的顶峰。3.在他们的一生中，曾多次攀上顶峰又坠落谷底，虽起伏跌宕，但是有一些东西却永远伴随着他们，那就是能力、毅力与创新力。这些能帮助他们重返巅峰，俯瞰人生。所以，认真权衡起来，能力的重要程度是金钱所不能匹敌的。

人们都羡慕那些杰出人士所具有的创新能力、决策能力以及敏锐的洞察力，但是他们也并非一开始就拥有这种天赋，而是在长期工作中积累和学习到的。在工作中他们学会了了解自我，发现自我，使自己的潜力得到充分发挥。

不为薪水而工作，工作所给予你的要比你为它付出的更多。如果你一直努力工作，一直在进步，你就会有一个良好的、没有污点的人生记录，使你在公司甚至整个行业拥有一个好名声，良好的声誉将陪伴你一生。

有许多人上班时总喜欢“忙里偷闲”，比如玩“偷菜”、“争车位”等游戏，有许多人要么上班迟到、早退，要么在办公室与人闲聊，要么借出差之名游山玩水……这些人也许并没有因此被辞退或扣减工资，但他们会落得一个不好的名声，也就很难有晋升的机会。如果他们想转换门庭，也不会有其他人对他们感兴趣。

可想而知，一个人如果总是为自己到底能拿多少工资而大伤脑筋的话，他又怎么能看到工资背后可能获得的成长机会呢？假如陷进了与老板周旋薪水的博弈困局当中，你又将如何是好呢？难道是看着脸色拿薪水吗？还是撤出这该死的斗鸡博弈，创出一番业绩来让人刮目相看，主动加薪呢？

五 合作与合谋

——商战中的博弈

阅读指南：

品牌博弈实质上就是品牌之间的竞争，品牌竞争力不是一个单一的能力而是一种集合的能力，是产品、企业以及外部环境等创造出的不同能力的集成组合。

企业要实现正和博弈，诚信是必需的基础。

斗鸡博弈是指双方相互对立，互不妥协，死咬到底。在斗鸡博弈中，如果一方妥协，那么对另外一方来说强硬将能获得更大的收益，反过来亦是如此。但是双方都认为自己的实力不差，因此双方都为了追求各自利益的最大化，而选择不合作。

凭着建立与加入联盟来参与博弈，就是狼性博弈。经商者要想企业发展壮大，采用狼性博弈，与人合作合谋，是最佳的途径。

品牌的博弈，不需要头破血流

◆ **关键词：**品牌博弈

◆ **重要概念：**品牌博弈实质上就是品牌之间的竞争，品牌竞争力不是一个单一的能力而是一种集合的能力，是产品、企业以及外部环境等创造出的不同能力的集成组合。品牌竞争力会随着市场结构和竞争行为的变化而变化，其强弱不是绝对的、持久的。

◆ **精彩案例：**双黄连广告　伊利与蒙牛共存

广告大师大卫·奥格威坚持说：“随便哪个傻瓜都可以达成一笔交易，但创造一个品牌却需要天才、信仰和毅力。”可见，品牌对企业至关重要。一个商人，如果其经营的产品构不成品牌效应，那么他就不足以称得上是个成功的商人。在当今企业竞争中，大部分企业都在进行着品牌的博弈。而品牌竞争最理想化的结果，就是合作博弈——共同发展。

记得以前在电视上看过一个广告，大意为一个女子将妈妈买的一瓶普通品牌的双黄连口服液扔进了垃圾桶，然后嘴里念念有词：“买双黄连呀，还是要买××的！”这个广告当年好像被观众评为最差的广告之一，至少现在是没再看见播出了。俗话说得好，“己强无须人弱”，在品牌之间的博弈中，哪有像这样要一棒子将对方打死的。麦当劳和肯德基、可口可乐和百事可乐这两组全世界有名的竞争对手，在长达数十年的博弈中，也没有出现过一方要将另一方“打死”的场面，更没有弄得头破血流。因为品牌竞争力不是一个单一的能力而是一种集合的能力，是产品、企业以及外部环境等创造出的不同能力的集成组合。品牌竞争力会随着市场结构和竞争行为的变化而变化，其强弱不是绝对的、持久的。

蒙牛与伊利两大国内乳业企业，至今还在进行着长久的博弈拉锯战，伊利品牌较老、值得信赖、发展稳健，蒙牛异军突起、发展迅猛，如今已得到与伊利旗鼓相当的市场份额。2004年年底，当伊利高层出事后，蒙牛老总牛根生直言：“我们不希望伊利有问题，因为草原乳业是一块牌子，蒙牛、伊利各占一半……我想说的是，蒙牛和伊利的目标是共同把草原乳业做大，因此蒙牛和伊利，是休戚相关的。”

的确，我们从来没有见过伊利和蒙牛拼得头破血流的场面，相反，一些不成熟的品牌才会出现频使手段打击对手，一心想置对手于死地的行为。

不久前看报纸，上面报道了一家国内知名连锁店刚起步时的事情。当时这家店进入某地开设新店，一些当地的小连锁店担心市场被抢走，竟然在这家新店闹事，还打伤其员工，砸坏其店内设施，妄图用野蛮的方式将这家新店轰走。当时这件事很快传开，人们认为当地的连锁店都有后台撑腰，才可以为所欲为。不过也有人认为，新店也不是好惹的，不然不会选择在这里开店，甚至有人期待着新店组织人马与当地连锁店大打一仗。但新店有关负责人并没有做出异常举动，只是平静地宣称，公司对此事很遗憾也很愤怒，决定运用法律武器维护自己的权利，坚定不移地继续在该地营业。并说：“当今的市场不可能出现一方完全击倒另一方从而进行垄断的形势。”

最终，在这场生意博弈中，新店成功地在当地活了下来，而且发展越来越快，后来成为了国内某行业的连锁企业巨头。

可见，对于那些成熟行业来说，品牌竞争的高境界不是你死我活、头破血流，而应该是几个各具特色的品牌，彼此相互依存地形成品牌的博弈，在博弈中共同发展。从许多成熟产品的市场中可以发现，往往同类别的成功品牌都有一个以上优秀的竞争对手存在着，它们彼此间在战略战术上针锋相对，但同时又不断拓展该产品的总体市场容量，在品牌博弈过程中不断完善自己、超越自己。博弈参与者双方或多方相互作用、相互牵制、相互依存、共同成长，而并非是非此即彼的淘汰与生存。

诚信是企业实现正和博弈的基础

◆ **关键词：** 正和博弈

◆ **重要概念：** 正和博弈即合作博弈，是指博弈双方的利益都有所增加，或者至少一方的利益增加，而另一方的利益不受损害，因而整个社会的利益有所增加。企业要实现正和博弈，诚信是其必需的基础。

◆ **精彩案例：** 企业的诚信

美国学者福山在《信任》一书中说：“21世纪是信誉的世纪，哪个国家的信誉度最高，哪个国家就会赢得更广阔的市场。”随着全球经济一体化进程的加快，市场竞争日益激烈，诚信经营已经成为企业最好的竞争手段之一。中国市场经济多年的发展是举世瞩目的，作为市场经济发展的关键，信用成为了提高企业竞争力的有力手段，有了诚信，企业才能进入良性循环。无论社会如何发展变化，诚信始终是合作的基础，是实现企业达到正和博弈的重要基础。

但凡知名的企业，之所以在企业与市场之间的博弈中能获得利益，能发展到很大的规模，能赢得老百姓的口碑，有一个重要因素，就是“诚信”。

前几年，中国市场刮起了一股来自大洋彼岸的“购物返券”狂风。各商场均打出了这样的宣传语：“买100送50”，“买300送300”，“买一赠一”……初看上去，好像消费者占了便宜、得了实惠，实际上这只是商家为消费者布下的陷阱。举一个简单的例子：制定返券额度，抬高商品价格，制造价格零头，抵券余额不退，取消售中售后服务，限制返券的种类与购物范围，甚至有些商家还把过期、不合格的产品也一并鱼目混珠，趁着消费者的抢购风清理库存。大量不知情的消费者就在这个时候蜂拥跳进陷阱，他们为了得到表面上的优惠，必须花掉返券，由此陷入循环购物的迷阵。据透露，这一时期，商场一天的营业额就达到上百万元，是之前的两倍。返券促销让商家收益颇丰，因此，“返券风”在国内愈演愈烈。

鉴于商家这种不诚信的行为，国内某家企业并没有跟风，而是做了一个果断的决定：向返券宣战！

不久，这家企业宣布其所有产品都将停止在促销活动中返券，而已印制的返券全部销毁。随后，又在媒体自曝返券八大黑幕，并第一次制定了“江湖规定”，第一次安全地投入到改善产品与市场的环境中。

次年，这家企业因透明的降价促销策略遭到对手攻击，但该企业并没在这场博弈中退却。十一黄金周期间，该企业将其打击家电市场促销陷阱的战争推向高潮，先是发出降价促销白皮书，宣布“返券”有违诚信原则，接着又把“无型号、无功能、假价格、假数量”的具有欺骗性和误导性的模糊信息列入打击之列，并把以往受到打击的特价产品推到了前沿。

经过一系列的打击与抗衡的博弈手段，同时为了规范产品市场，增强自身利益，该企业决定主办一场“价格变革”的新闻发布会，邀请各大行业内领导，化干戈为玉帛，实现正和博弈。

在与商家、对手一次次的博弈中，该企业逐渐确立起了自己的竞争优势，那就是诚信。对此，有人认为，该企业能在商家联合对抗的情况下，反其道而行之，坚决取消返券并最终夺得胜利，一定是有什么竞争诀窍。正所谓“君子爱财，取之有道”。至于用什么“道”取之，该企业负责人这样说：“对企业而言，能够优于竞争者，也没什么诀窍。我们就是把最简单的一件事，20年如一日，一遍一遍地做下去，以诚信为本，做到大家相互信任，甚至成为一种习惯，到现在做成一种行规。”

的确，诚信在商业博弈中，尤其是在多次的重复博弈中，已经成为双方“斗智斗勇”的重要砝码。因为在某种较为完善的经济制度下，若这种博弈会重复发生，则人们就更倾向于相互信任。

以诚信作为与消费者和企业博弈的基础，无疑是企业走得最正确的一步。在现实生活中，不少企业都在进行着漫长的博弈，与消费者、与同行博弈。但是没有一个知名的企业是不讲诚信的，因为，只有讲诚信，才能实现企业的正和博弈。

骑虎难下，斗鸡博弈的软肋

◆ **关键词：**斗鸡博弈

◆ **重要概念：**斗鸡博弈是指双方相互对立，互不妥协，死咬到底。在斗鸡博弈中如果一方妥协，那么对另外一方来说强硬将能获得更大的收益，反过来亦是如此。但是双方都认为自己的实力不差，因此双方都为了追求各自利益的最大化，而选择不合作。

◆ **精彩案例：**竞拍地皮　李嘉诚平息麦当劳官司

当今的社会中，由于争强好胜、互不妥协而陷入骑虎难下局面的人和企业比比皆是，而设下骑虎难下的博弈局面来进行欺骗的人也不少。其实，如果你因某种原因陷入了斗鸡博弈，又无法使对方退出，那么自己及时抽身退出也不失为上策。

某日，陈树和康可分别代表两家大公司参加一个拍卖活动，他们此行的目的是竞拍一块地皮。由于多年的博弈较量，陈树对康可十分了解，康可这个人，认准了一样东西，就一定要得到，不达目的决不放手，这样的性格曾经也为他赢得了不少“战役”，但是在今天，陈树决定让他败在自己的性格之下。

竞拍开始，多方开始叫价，最后只剩下陈树与康可两人还在竞争。此时康可出价已经高达8000万，其实按照当时的地价来算，这个价格已经很高了。这时，陈树立即出价1亿！只听拍卖官的声音响起："已经有人出价1亿元，还有人出价吗？"随着拍卖官的声音落下，陈树得意地瞥了一眼不远处的康可。康可原本还在迟疑，可一见到陈树得意的眼神，顷刻间就做出决定："1亿1千万！"

陈树也不退让："1亿3千万！"

康可的声音近似愤怒："1亿5千万！"

陈树："1亿7千万！"

原本陈树以为，康可的声音会再次响起，可是这次他却迟疑了，刚刚还像一只勇猛斗鸡的康可，此刻毫不作声。这个时候，拍卖官的声音响起："……1亿7千万一次！"（第一次锤声落地）

心急如焚的陈树不由得又望了一眼不远处的康可，只见他面部表情抽动了一下，那一瞬间，两人的目光相遇了，很显然，他们都骑虎难下了。陈树原本是想设局整治康可，激将康可出天价买下这块不是非常值钱的地皮，没想到康可此时却纹丝不动，陈树此刻在自己设的局中骑虎难下。而康可呢？争强好胜的性格，也让他备受困扰："要了这块地吧，无疑是赔了。不要这块地吧，面子上过不去，外界很快就会谣传自己的实力不如陈树，这样对自己影响不好。而且陈树这家伙能花这么大价钱来竞拍，定是看准了这块地的某一个值钱的点，难道这块地还有我不知道的奥秘？"

其实，早在一开始，双方妥协就是最好的策略。陈树大可以在康可出价1亿1千万的时候收手！那时正是博弈的均衡点。可惜陈树没有那样做，最终他与康可一起陷入了盲目的斗鸡博弈中，可谓骑虎难下。

这样的例子还有很多，冷战期间，美国与苏联间的军备竞赛也属于骑虎难下的博弈。这场博弈最终以苏联的解体而告终。表面上，苏联是输家，美国是赢家，事实上，在此次军备竞赛过程中，双方都耗费了大量的资源，从这一点来说，美国也是输家。

实际上，这种骑虎难下的博弈经常出现在企业或组织之间，也出现在个人之间。经商者应该分清利弊，尽早做出决定：是继续斯杀还是尽早退出。

商界精英李嘉诚在北京王府井大街南口进行他的工程之前，面临的最大一个难题就是拆迁的问题。这里人口聚集，不要说居民住户，就是商业用户也不是一个小数目。李嘉诚想到，像这种拆迁问题最好还是交由政府来办。市政府出面做好原住户和业主的搬迁工作，而他就负担地价和搬迁费。

当时北京的地价和香港比起来，其实是较便宜的，最终李嘉诚并没花多少钱，就把问题解决了。

不过，这当中还有一个插曲，那就是跟麦当劳的利益博弈。从这场短暂的博弈中，李嘉诚以和为贵，以大局为重，及时抽身，最终赢得了业界的尊敬。

众所周知，麦当劳是全球最著名的快餐集团，而王府井麦当劳是该集团最大的一家分店，两层楼面共2600平方米，700余个座位，每天平均有1万多人光顾，在开业之初，顾客排队竟有几里之长，赢利丰厚，自不待言。

面对政府的拆迁要求，麦当劳当然不愿意把这棵摇钱树从聚宝盆里连根拔出，就公然与北京市政府对抗。但是，北京市政府早就有了最新文件，责令麦当劳限期搬迁。于是，麦当劳抛出了它的撒手锏，即当年麦当劳集团与北京市政府签署的长达20年的经营合同，营业地区为王府井现址，租期要到2010年才满。麦当劳以此契约为要挟，扬言要与北京市政府对簿公堂。此时，王府井这块地已快夷为平地，只剩下麦当劳这一“钉子户”还孤零零地站在空旷的废墟上。某外国通讯社记者拍下了这一景象，于是世界传媒上大都出现了这张既滑稽、又可怜的“麦当劳孤立无援”的照片，因而国际舆论似乎违心地变得对麦当劳有利。香港民间也有传言，说李嘉诚为了当北京地王，不惜把契约在手的麦当劳撵跑，只许自己发大财，不准他人赚钱。

就在这个时候，李嘉诚意识到与麦当劳“斗”下去，只会越来越麻烦，对双方都没有什么益处，很可能双方还会陷入骑虎难下的博弈局面。因此，李嘉诚本着以和为贵的商道法则，出面与北京市政府协商，表示只要麦当劳答应迁出王府井，日后东方广场将留一个比现在面积更大的铺位给麦当劳。

北京市政府只好与美国麦当劳公司重新进行谈判，除了李嘉诚提出的条件外，又列出了一系列更优厚的条件，例如，批准麦当劳在北京多开若干家分店等等。面对如此优厚的条件，麦当劳欣然同意搬迁。

本来，这场官司极有可能引起轩然大波，而李嘉诚则及时灭掉了战火，既显示了自己的高姿态，又避免了持久对峙。

可见，现实生活中，我们一旦进入骑虎难下的博弈，尽早退出才是明智之举。

不合作的博弈——倒推法

◆ **关键词**：蜈蚣博弈

◆ **重要概念**：蜈蚣博弈是由罗森塞尔(Rosenthal)提出的形状像蜈蚣的博弈法。

◆ **精彩案例**：倒推法

今日社会，商业合作已经屡见不鲜，产业链条像一根无形的纽带，将各行各业连接起来。可以说，在这个商业链条之间的博弈中，没有哪一个链条是独立存在的。

然而有一种博弈法则用直觉告诉我们，面对这一庞大的链条，我们应采取不合作的策略。这个博弈策略就是倒推法。

倒推法是分析完全且完美信息下的动态博弈的有用工具，倒推法符合我们的直觉。然而，它却有着致命的缺陷，我们来通过下面的蜈蚣博弈的悖论，找出它的缺陷。

蜈蚣博弈，实际上是由罗森塞尔(Rosenthal)最早提出的。它是这样一个博弈：两个参与者A、B轮流进行策略选择，可供选择的策略有“合作”和“背叛”（“不合作”)两种。假定A先选，然后是B，接着是A，如此交替进行。A、B之间的博弈次数为有限次，比如100次。假定这个博弈各自的支付给定如下：

合作合作合作合作

A B A …… A B（100，100）

背叛背叛背叛背叛

（1，1）（0，3）（2，2）（99，99）（98，101）

现在的问题是：A、B是如何进行策略选择的？

这个博弈用图形表现出来其形状很像一只蜈蚣，因此被命名成蜈蚣博弈。

蜈蚣博弈的奇特之处是：当A决策时，他考虑博弈的最后一步即第100步；B在“合作”和“背叛”之间做出选择时，因“合作”给B带来100的收益，而“不合作”带来101的收益，根据理性人的假定，B会选择“背叛”。但是，要经过第99步才到第100步，在99步，A考虑到B在100步时会选择“背叛”——此时A的收益是98，小于B合作时的100，那么在第99步时，他的最优策略是“背叛”——因为“背叛”的收益99大于“合作”的收益98……如此推论下去，最后的结论是：在第一步A将选择“不合作”，此时各自的收益为1，远远小于大家都采取“合作”策略时的收益：A：100，B：100–99。

根据倒推法来看，结果是令人失望的。表面上，从逻辑推理来看，倒推法似乎相当严密，但它得出的结论却是违反直觉的。直觉告诉我们，一开始就采取不合作的策略获取的收益只能为1，而采取合作性策略有可能获取的收益为100。当然，A一开始采取合作性策略的收益有可能为0，但1或者0与100相比实在是太小了。因此，我们依据直觉判断，采取合作策略是比较好的。而从逻辑推理的角度来看，实际上，一开始A就应采取不合作的策略。那么在这里，我们不禁冥思苦想：是倒推法错了，还是我们的直觉错了？

这就是蜈蚣博弈的悖论：本来可以相信的东西不能相信，而有的东西看起来不可信但是反而是正确的。真真假假，假假真真，真亦假，假亦真。

对于蜈蚣悖论，许多博弈专家都在寻求解答它的路径。在西方，有研究博弈论的专家做过一个实验（目前通过实验验证集体的交互行为已成时尚，正如博弈论专家英国的宾默尔所言，诺贝尔奖也无疑在考虑这方面的先驱者），实验发现，不会出现一开始选择“不合作”策略而双方获得收益1的情况。双方会自动选择合作性策略，从而走向合作。这种做法违反倒推法，但实际上双方这样做，要比一开始A就采取不合作的策略好得多。

从某种意义上说，倒推法似乎是不正确的。然而，我们会发现，即使双方开始能走向合作，即双方均采取合作策略，这种合作也不会坚持到最后一步。理性的人往往出于自身利益的考虑，肯定会在某一步采取不合作策略。倒推法肯定在某一步要起作用。而只要倒推法在起作用，合作便不能进行下去。

这个悖论在现实中的对应情形是，参与者不会在开始时确定他的策略为“不合作”，但他难以确定在何处采取“不合作”策略。

合作与合谋——狼性博弈

◆ **关键词：** 狼性博弈

◆ **重要概念：** 凭着建立与加入联盟来参与博弈，就是狼性博弈。经商者要想企业发展壮大，采用狼性博弈，与人合作合谋，是最佳的途径。

◆ **精彩案例：** 马云与孙正义的合作

在生存的博弈中，经商者靠自己的实力竞争只是一种初级的办法，如猎豹，独来独往，虽然奔跑速度迅速，但其种群却并没有发展起来，倒是成群狩猎的狼数量比较多。因此，一个企业要想发展规模，单靠自身的实力还不行，还应该凭着建立与加入联盟来参与博弈，这是比较高级的办法，也称作狼性博弈。

1999年夏末秋初，在北京奔忙的马云接到来自摩根士丹利亚洲公司资深分析师古塔的电子邮件，在邮件中古塔告知马云，有一个人“想和你秘密见个面，这个人对你一定有用”。

而那个据古塔说对马云“有用”的人也让马云大吃一惊，因为马云并没有想到他将要见到的人竟会是大名鼎鼎的软银总裁孙正义。那天，因来访的人太多，孙正义只给了每人20分钟时间。

当投影仪显示出了阿里巴巴网站的页面时，马云顺势站起来做了几分钟的演讲，介绍阿里巴巴为何物，阿里巴巴正在做的和将要做的。

马云仅仅开讲了6分钟，就被孙正义打住了。孙正义当即表示了他略显强烈的投资意向，他问马云需要多少钱。此时，马云面对着一场惊人的思想博弈。最终在这位投资家面前，马云的回答十分令人吃惊："我并不缺钱。"孙正义反问道："不缺钱，你来找我干什么？"马云的回答很有趣："又不是我要找你，是人家叫我来见你的。"

两人的博弈就在这样的回答下变得更加激烈，而合作竟然变得更加有希望。因为马云的回答进一步刺激了孙正义，临走时，他请马云去日本的时候一定要和他当面详谈。

马云后来回忆说："孙正义很聪明，悟性特别高，我跟他一讲他就听懂了，并且每次说话都是'我要怎么样、怎么样'的，这一点跟我脾气蛮像的。"

马云在和孙正义见了第一次面20多天后，又带着蔡崇信如约在日本东京再次见了孙正义。谈判的过程很艰辛，经过一番讨价还价，孙正义报出的价钱才落到马云和蔡崇信的可接受范围之内。于是双方达成了一致，孙正义投资总金额是3000万美元。

3000万美元投资金的获得实属不易。可是回国后马云却反悔了。马云不是嫌钱少了，而是嫌钱太多了。

马云当即给孙正义发了一封电子邮件，他说："……希望与孙正义先生手牵手共同闯荡互联网……如果没有缘分合作，那么还会是很好的朋友。"5分钟后，马云很快接到了孙正义的回复："谢谢您给了我一个商业机会。我们一定会使阿里巴巴名扬世界，变成像雅虎一样的网站。"其实，要想阿里巴巴变成"虎"一样的网站，马云与孙正义就得变成"狼"一样的合作群。

为什么到手的钱不要？马云说："是的，我在赌博，但我只赌自己有把握的事。尽管我以前控制的团队不超过60人，掌握的钱最多只有2000万美元，但2000万美元我管得了，过多的钱就失去了价值，对企业是不利的，所以我不得不反悔。”

马云还补充说：“有的时候啊，我一直认为不管做任何事，脑子里不能有功利心。一个人脑子里想的是钱的时候，眼睛里全是人民币、港币、美元，全部从嘴巴里喷出来，人家一看就不愿意跟你合作。”

在与软银总裁孙正义谈判并融得2000万美元的投资时，马云说：“我相信孙正义喜欢我，所有的投资者都喜欢我，因为我老实地说我想做成这么一件事情，这件事的结果一定会带来很多钱，所以他看见的是我这个眼神。全世界有钱的人很多，但全世界能做阿里巴巴的人并不多。我觉得这是我们的信心所在。投资者你不给我钱，另外有人给我，我就找愿意给我的人。全世界有很多投资者，全世界马云就一个，没办法。”

表面上看起来，对于当时刚获得大额投资而略显富裕的阿里巴巴来说，那次2000万美元的融资并非最明智的选择，因为当时阿里巴巴的日流量与知名度都在与日俱增，晚一些引入新的投资者，显然更有利于公司总值的增加。

然而，看起来吃了小亏的马云实际上却因此走了大运。因为从2000年4月起，纳斯达克指数开始暴跌并持续了长达两年的低迷不振状态，这之后所有中国互联网公司都无法得到任何投资，只有马云和他的阿里巴巴粮草充足，且衣食无忧。

可见，企业在生存与发展过程中，处处面临各种各样的博弈。而要想发展壮大走到最后，必须以博弈的长远眼光去看待处境、解决问题，采取“狼性博弈”，与人合作合谋便是最好的途径。

海盗分金与“蜈蚣博弈”

◆ **关键词**：海盗分金

◆ **重要概念**：经济学上有个“海盗分金”模型，是说5个海盗抢得100枚金币，他们按抽签的顺序依次提方案：首先由1号提出分配方案，然后5人表决，超过半数同意方案才被通过，否则他将被扔入大海喂鲨鱼，依此类推。

◆ **精彩案例**：海盗分金的题目

实际上，“海盗分金”并不等同于“蜈蚣博弈”，“海盗分金”是经济学中的一个分配模型，但它与博弈论中的“蜈蚣博弈”非常相近。

“海盗分金”，具体来说，内容是这样的：

海盗，作为一帮亡命之徒，在海上抢人钱财，夺人性命，干的都是杀人越货的行当。在我们的印象中，海盗一般都凶神恶煞，独眼龙、络腮胡子、蒙面、大刀、枪支、野蛮……不管怎样，海盗在我们的眼里，都是那样的凶狠和神秘。其实，海盗还有一个鲜为人知的特点，就是他们非常的民主化，可以说，他们是世界上少有的民主团体。

海盗都是桀骜不驯的男人们，他们非常剽悍、独立。平时海盗们之间的一切事都由投票解决，不会出现独断，即便是船长，也要尊重大家的意见。船长的唯一特权，就是拥有自己的一套餐具。可是在他不用时，其他海盗是可以借来用的。海盗船上也制定了惩罚制度，这唯一的惩罚方式，就是被丢到海里去喂鲨鱼。

现在假设船上有若干个海盗，要分抢来的若干枚金币。自然，这样的问题他们是由投票来解决的。投票的规则如下：先由最凶残的海盗来提出分配方案，然后大家一人一票表决，如果有50%或以上的海盗同意这个方案，那么大家就遵循此方案分配，如果少于50%的海盗同意，那么这个提出方案的海盗就将被丢到海里去喂鱼。然后由剩下的海盗中最凶残的那个海盗再提出方案，依此类推。

关于这个问题，我们先要对海盗们做一些假设：

1.每个海盗的凶残性都不同，而且所有海盗都知道别人的凶残性，也就是说，每个海盗都知道自己和别人在这个方案中的位置。另外，每个海盗都是很聪明的人，都能非常理智地判断得失，从而做出选择。最后，海盗间私底下的交易是不存在的，因为海盗除了自己谁都不相信。

2.一枚金币是不能被分割的，不可以你半枚我半枚。

3.最重要的一点，每个海盗都不愿意自己被丢到海里去喂鱼。

4.当然，每个海盗都希望自己能得到尽可能多的金币。

5.每个海盗都是功利主义者，如果在一个方案中他得到了1枚金币，而下一个方案中，他有两种可能，一种得到许多金币，一种得不到金币，他会同意目前这个方案，而不会有侥幸心理。总而言之，他们宁愿牢靠地拽住1枚金币，也不愿去争夺没有谱的金币。

6.最后，每个海盗都很希望其他海盗被丢到海里去喂鱼，因为这就意味着安全属于他们自己。在不损害自己利益的前提下，海盗们会尽可能投票让自己的同伴喂鱼。

现在，如果有5个海盗要分100枚金币，结果将会怎样呢？一般来说，这道题目公认的标准答案是：1号海盗分给3号1枚金币，4号或5号2枚金币，自己则独得97枚金币，即分配方案为(97，0，1，2，0)或(97，0，1，0，2)。那么，这样分配的原理是什么呢，我们来看看如下的分析（倒推法，这一点非常类似于“蜈蚣博弈”）：

首先从5号海盗开始，因为目前来说，他是最安全的，没有被扔进大海喂鱼的风险，因此他的策略也最为简单，即最好前面的人全都被扔到海里去喂鱼，那么他就可以独吞这100枚金币了。

再来看4号海盗，实际上，他的生存机会完全取决于前面还有人存活着，因为如果1号到3号的海盗全都被扔到海里喂了鲨鱼，那么在只剩4号与5号存活的情况下，不管4号提出怎样的分配方案，5号一定都会投反对票来让4号去喂鲨鱼，以独吞全部的金币。这样的话，哪怕4号为了保命而讨好5号，提出(0，100)这样的方案让5号独吞金币，但是5号还是会觉得留着4号有危险，因而很有可能仍投票反对，好让4号去海里喂鱼。按照以上推理，我们可以得出，理性的4号是不应该冒这样的风险，把存活的希望寄托在5号的随机选择上的，他唯有支持3号才能绝对保证自身的性命。

接下来看3号，他经过上述的逻辑推理之后，就会提出(100，0，0)这样的分配方案，因为他知道4号的处境，4号绝对不会去支持5号，也就是说，哪怕一无所获，4号也还是会无条件地支持他而投赞成票的，那么再加上自己的1票就可以使他稳获这100枚金币了。

但是，这里要注意的是，2号也经过推理得知了3号的分配方案，那么他肯定会提出(98，0，1，1)的方案。因为这个方案相对于3号的分配方案，4号和5号至少可以获得1枚金币，理性的4号和5号当然会觉得此方案对他们来说更有利而支持2号，不希望2号出局而由3号来进行分配。这样，2号就可以高高兴兴地拿走98枚金币了。

但事情并非如预料当中的顺利，1号海盗也不是吃素的，他非常理性，经过一番推理之后也了解了2号的分配方案。可以肯定，他将采取的策略是放弃2号，而给3号1枚金币，同时给4号或5号2枚金币，即提出(97，0，1，2，0)或(97，0，1，0，2)的分配方案。由于1号的分配方案对于3号与4号或5号来说，相比2号的方案可以获得更多的利益，那么他们将会投票支持1号，再加上1号自身的1票，97枚金币就可稳稳当当地由1号来独吞了。

根据分析，海盗分金币模型的最终答案可能会让我们很吃惊，从目前表面上的判断来说，此模型中如此严酷的规定，若谁抽到1号的话，那他就真是天下最大的倒霉蛋了。因为作为第一个提出方案的人，其存活的机会可以想象——微乎其微，即使他一个金币也不要，都无私地分给其他4个人，那4个人也很可能因为觉得他的分配不公或者觉得留着他会有危险而反对他的方案，那他最终也逃不掉被扔到海里喂鱼的命运。

但事实又并非如此，因为看起来处境最不利的1号，却凭借着其超强的智慧和先发制人的优势，不但解除了被丢进海里喂鲨鱼的危险，还最终使自己的收益最大化，而5号表面上看起来是最安全的，仿佛可以坐山观虎斗，最终收渔翁之利，但实际上最后却不得不看别人的脸色行事，勉强分得一小杯羹，下场也尤为可怜。

不过，以上毕竟是游戏，我们任意改变其中一个假设条件，最终结果都不一样。现实世界却不如此，因为它比游戏要更加理性。首先，现实中肯定不会是人人都“绝对理性”。回到“海盗分金”的游戏中，只要3号、4号或5号中有一个人偏离了绝对理性的假设，不那么聪明，海盗1号无论怎么分都可能会被扔到海里去了。所以，1号首先要考虑的就是他的海盗兄弟们的聪明和理性究竟靠得住靠不住，否则作为先分者，他会很倒霉。

此外，如果有人偏偏喜欢看见同伙被扔进海里喂鲨鱼。要真的有这样的人，那么1号自以为得意的方案A不就成了自取灭亡吗？再就是俗话所说的“人心叵测”，由于博弈中的信息不对称，谎言和虚假承诺就会发挥很大的作用，而阴谋诡计也会蜂拥而来，并趁机迷惑人的大脑，最终得逞、获益。如果2号对3、4、5号大肆撒谎施骗，宣称对于1号所提出任何分配方案，他一定会再多加上一个金币给他们。假如这样，我们想象一下结果会怎样呢?

通过以上分析，我们不难发现，现实中我们每个人都有自以为公平的准则，因而时常会发生分歧或争吵，甚至大打出手。这种争吵，在商业合作的时候尤为突出。结合“海盗分金”的例子，可以料想，一旦1号所提方案和其所想的不符，就会有人为此大闹……当大家都闹得不可开交的时候，1号能拿着97枚金币毫发无损、镇定自若地走出去吗？答案当然是否定的。

综上所述，用博弈的眼光来看，最有可能的结果是，海盗们最终会要求修改规则，然后重新分配。这个结果，可能真的出乎所有人的意料！

六　该糊涂时且糊涂

——官场中的博弈

阅读指南：

为官者，首先就应具备强大的意志力。因为有意志力，才会有信念，有韧劲，有很强的威慑力，才会让别人屈服于自己，才会不受邪恶势力的威胁。

在官场的博弈中，分清形势，揣摩上级意图，采取间接、委婉的方式来表达不同的意见，十分重要。总之要切记，千万不要当面触怒上级。

官场博弈里，控制与被控制一直是一个主要的关系，为官者在反控制的时候，一定要注意方式方法，才能达到预期效果。

在官场博弈中，为了消除上级对自己实力的恐惧和担忧，有时候及时露拙，自损名声，造成自己实力并不足以威胁上级的情形，不仅可以保全身家性命，还能在以后的大业中积蓄能量。

官场之中，人人都需要在权力和谋略之间做出权衡，但真正的博弈高手，往往会化斗争于无形之中，该糊涂时且糊涂。

意志力，为官者必备的素质

◆ **关键词：** 意志力

◆ **重要概念：** 为官者，首先就应具备强大的意志力。因为有意志力，才会有信念，有韧劲，有很强的威慑力，才会让别人屈服于自己，才会不受邪恶势力的威胁。

◆ **精彩案例：** 罗秦刚出国　村主任扳倒县长

意志力是心理学中的一个概念。是指一个人自觉地确定目的，并根据目的来支配、调节自己的行动，克服各种困难，从而实现目的的品质。为官者，首先就应具备强大的意志力。因为有意志力，才会有信念，有韧劲，有很强的威慑力，才会让别人屈服于自己，才会不受邪恶势力的威胁。

罗秦刚是某县的副县长，作为官员的他，活了50多年了还从来没有出过国门。直到有一次，组织上决定派一些干部出国考察，罗秦刚才有幸得以到国外去看一看。

国外的一切都是非常新鲜的，这令罗秦刚新奇不已。第一天，这支队伍结束了上午的考察工作，被国外友人邀请到就近的一家餐馆就餐。由于罗秦刚不懂这个国家的语言，所以听不懂他们说了什么，与人沟通还需要翻译。

恰好，此时中方的翻译去了洗手间，外方的翻译正在接听电话，而一位服务生走了过来，将菜谱递给罗秦刚，用当地语言微笑地说了一句："请问你们是从中国来的吗？"

罗秦刚听不懂，以为是问自己要点什么菜，就用英文回了一句："我们看看菜谱再说。"

服务生能听懂英文，顿时明白罗秦刚理解错了自己的意思，笑出声来，随后礼貌地转身而去。

罗秦刚觉得服务生的笑好像并不一般，也猜出了自己可能答非所问了。后来，翻译告诉了罗秦刚服务生的本意。罗秦刚觉得自己丢了中国官员的颜面，立志要学好该国语言。他二话不说就买了一本该国语言的交流速成手册，连夜学习了一些简单的日常用语。所有同行的人都为罗秦刚的做法感到敬佩，受他的影响，大家也一起学习起来。

第二天，罗秦刚一行人又来到了那个餐馆，巧的是，为他们服务的还是昨天那位服务生。服务生微笑着走过来，用本国语言说了一句："您好，今天需要吃点什么吗？"

服务生望着罗秦刚，微笑着，她一定记得昨日的事情。罗秦刚淡淡地微笑着，用流利的该国语言回答道："我们是从中国来的，很高兴认识你。你能给我们介绍一下你们的特色菜品吗？"

服务生吃惊地望着罗秦刚，似乎不敢相信自己的眼睛和耳朵。她用很快的语速以本国语言回答道："我建议你们尝尝我们店的比萨，这是全世界最好吃的比萨。"说完又带着得意的微笑看着罗秦刚。

罗秦刚思考片刻，流利地回答道："好吧，如果不合我们的胃口，那它将是全世界最难吃的比萨。"

此句话一出口，服务生立即脱口而出："上帝啊。"的确，她太吃惊了，眼前的这位老先生，竟然在一夜之间说得如此流利的一口外语，并且，言语之间还透露着很强的威慑力，使人不得不起敬。

不想此时罗秦刚又道："是的，我们是上帝，因为我们是顾客。"语毕大家都笑了起来。就这样，罗秦刚的意志力不仅让服务生肃然起敬，还让外国官员对中国官员刮目相看。而同行的官员，也更加服帖于罗秦刚。

实际上，在罗秦刚与服务生的博弈中，有一种强大的力量迫使服务生对罗秦刚肃然起敬，这种力量就是意志力。罗秦刚从头一天的对该国语言一窍不通到第二天的流利对话，让服务生顿时敬佩起来，试想一下，一位年近六旬的老人，在异国他乡一夜之间练出流利的外语，这需要何等的意志力才能办到啊！

官与官之间是相互影响和制约的，不是你被他影响，就是他被你影响，这种影响究竟会倒向哪一方，就要看谁的影响力更大一些。而能够形成强大影响力的源泉之一，就是人的意志。意志力弱的人，往往会屈服于意志力强的人，而意志力强的人则能够散发出一种威慑的力量，让对方佩服。

周某是一个村主任，尽管官小，但是在当地还十分有威信。一天，县长来到村里，考察了一番后，对周某说，最近国家政策好，拨了一百万元支援你村的道路建设。你明天下午到县里去一趟，我们商议具体修路方案。

周某听后激动得差点哭了出来，当即对县长表示感谢，并把好消息告诉了村民们。要知道，这个村子的道路坑坑洼洼，每逢下雨就泥泞一片，村里有好果子都无法运出去卖。这下可好了，村子要是修好了这条路，就不愁卖不出去果子了。

第二天，周某按时找到县长。不料县长却关上了门，与他单独进行谈话。县长绕了一个圈子，终于说出了本意，原来，县长想让周某只带回去50万元搞道路建设，另外50万留给县里“办其他事情”，当然，县里为了“慰劳”村主任，会给周某两万元的“奖金”。

周某哪肯同流合污，盼着修路是村里几辈人的梦想，自己怎么能干出缺德的事情呢？再说国家拨出的钱是专款专用，岂能让县长私自挪用？

见周某“不识时务”，县长竟然威胁起他来：“你的两个儿子今年考上大学了吧？学费可不少呢。对了，老大以前跟人打过架，好像把某某的鼻子打骨折了。不知道这个会不会影响他升学呢？”

县长说完斜着眼睛看着周某，本以为周某会屈服。不料周某站起身来，一拳击在桌子上，吓得县长哆嗦了一下。周某愤恨地说：“我们村为什么这么穷，其他村为什么这么穷？就是因为你们。告诉你，我儿子的学费我会一个子儿一个子儿地挣，两个月就能凑足。我儿子打架的事属于见义勇为，你也别吓唬我，我不是吃素的。想占用村里修路的钱，门儿都没有。”

说完，周某愤恨出门。

此后的两个月内，尽管一百万元道路建设费一分不少地拨到了村上，但是县里却故意施压，总是不给出技术人员。周某只得带领村民们自己设计，自己挖掘，自己填平。而且，周某还卖掉了自家的果园，又东拼西凑了一些，为两个儿子凑齐了上大学的费用。这一段时间，周某几乎没有睡过一个安稳觉，也没有好好地休息过。村民们看在眼里，感动在心里，他们都佩服周某雷打不动的意志力，更加团结，大家齐心协力，竟然提前完成了道路建设。

后来，县长被上级部门查出贪污，受到了应有的惩罚。周某却受到了村民们的爱戴，被推举到乡里，又被乡里推举到县里。

可见，意志力对于每个人都很重要，面对艰难的决定，离不开意志力；克服障碍和困难，也离不开意志力。意志力不仅仅能够影响到个人自身，还能在行动上展现出一种不可抗拒的力量，威慑到他人。为官者如果没有强大的意志力，就不会有号召力，同时还很容易被上级的邪恶势力所控制，干一些违法乱纪的事情。

为官者之间的博弈，官与民之间的博弈，实质上更是意志力与意志力的较量。不是你影响他，就是他影响你，总之，影响力大的人才可以成为最强者，而只有意志力强的人才可能有强大的影响力。

收缩有度，切勿当面触怒上级

◆ **关键词：** 触怒上级

◆ **重要概念：** 在官场的博弈中，分清形势，揣摩上级意图，采取间接、委婉的方式来表达不同的意见，十分重要。总之要切记，千万不要当面触怒上级。

◆ **精彩案例：** 尉迟敬德、房玄龄触怒唐太宗

人在官场，一言一行都须谨慎。特别是当你在官场博弈的时候，千万不要让别人抓住把柄。切记，收缩要有度，切勿当面触怒上级。

唐太宗可以说是中国历史上难得的明君，一句“水能载舟亦能覆舟”可谓开天辟地，遗香万年。而即使是这样的明君也不能逃脱加强皇权的定律，在朝为官，一样摆脱不了伴君如伴虎的命运。

唐太宗在位时期，人民安居乐业，经济一片繁荣，取得如此业绩，一直辅佐唐太宗的几位丞相和大臣也是功不可没的。魏徵的直言不讳，房玄龄与杜如晦的精心谋略和长孙无忌的全力支持等等，都是让唐太宗一直可以谨慎治国的重要原因。

可是到了贞观末期，君臣之间发生的隔阂让唐太宗开始加强自己的皇权，相权慢慢受到打压，皇帝与官员，官员与官员

之间，开始进行着一场浩大的博弈。

晚年的唐太宗对于治国不再像过去一样小心谨慎了，开始懈怠，甚至为了加强皇权而对老臣们下手。当废立太子之事受到老臣们的参谏时，唐太宗和众臣产生了分歧，于是对大臣们的疑忌越来越重，动辄问罪，轻些贬谪，重则杀戮。就在这时，尉迟敬德、房玄龄等这样的佐命功臣，竟然看不清形势，大胆触怒皇帝，又受到其他官员落井下石的参谏，两人自然没有好境遇。

贞观十九年，唐太宗准备亲征辽东，尉迟敬德执意奉劝太宗说，如果陛下亲征，会导致长安、洛阳等中心地带空虚，如果有人谋反将措手不及。而当时唐太宗一直在加强皇权，尉迟敬德似乎看不透这一点，结果正撞上枪口，受到唐太宗的猜疑，于是被命披甲上阵，与皇帝一同亲征杀敌。

出征之时，太宗命令房玄龄留守京师，并将大权交给他，让他自己权宜处理。这是唐太宗在晚年难得地对大臣信任。可惜房玄龄似乎并没有好好把握这次机会。有一次，有人来上奏，而奏疏上告的人就是房玄龄。因为牵扯自身，房玄龄不便擅自处理，怕落下什么把柄，便将那人送去了太宗处。太宗闻讯后，特别生气，喝令将那人腰斩，并亲自写信责备房玄龄，怒斥房玄龄辜负了自己的一片信任，竟然如此不自信。

其实在这两件事情上，尉迟敬德和房玄龄都没有人格上的过失，但他们却主动撞上了正在为加强皇权而有所行动的唐太宗的枪口上，不懂得收缩，执意进谏，结果遭到了太宗的借故打击。

实际上，这样的例子还有很多。现实生活中，一些官员为了自身利益，或是为了正义，采取了一些直接与上级对抗的方法。其实这是很不明智的，有时候，为官必须圆滑一些，才能保住自己。特别是在官场的博弈中，分清形势，揣摩上级意图，采取间接、委婉的方式来表达不同的意见，十分重要。总之要切记，千万不要当面触怒上级。

反控制也要很巧妙

◆ **关键词：** 反控制

◆ **重要概念：** 官场博弈里，控制与被控制一直是一个主要的关系，为官者在反控制的时候，一定要注意方式方法，才能达到预期效果。

◆ **精彩案例：** 慈禧与李鸿章的博弈

官场博弈，主要是围绕控制与反控制进行的。在进行反控制，也就是反抗的时候，为官者应该巧妙行事，才不至于过早地引火烧身，导致反抗失败而自己也搭上性命。

慈禧虽遭千古唾骂，但也可以说是个有胆识、有智慧的女人。尽管人们对她的暴行和统治嗤之以鼻，但不得不承认，在她统治时期，她始终牢牢掌控着整个局面，把那些试图反抗她的精英人物掌控在自己手里，说杀就杀，说剐就剐。

不过，有一个人却反抗得很巧妙，他反对了慈禧的诸多主张，但最终依然好好地活着，而且依然好好地为官。这个人就是李鸿章。

李鸿章，其实是当时朝廷最忠心于慈禧的汉人，也是反对慈禧最多最有效的汉人。李鸿章是一个靠军功起家的官员，当年他靠着自己过人的聪明才智和胆识建立功勋。同时，他也是个比较冷酷的人，将战场中的尔虞我诈演绎得可谓淋漓尽致。在朝政上，他又是比较开放，与慈禧的保守形成了鲜明的对比。他率先反对了慈禧的保守政策，提出了轰轰烈烈的“洋务运动”，尽管后来这场运动被平定以失败告终，但不可否认的是，这场运动为当时的中国培养了一大批现代化人才，比如詹天佑等等；而且，这场运动也让封闭的中国开始认识到与先进国家的差距。特别是在甲午战争中，李鸿章的思想是比较开放的，他应该是清朝最了解日本这个民族的官员之一。

在甲午海战开战的前三年，慈禧下令各处全部暂停购买洋枪洋炮、船只、机器等。这显然是一个自取灭亡的决定，在当时，中国根本没有能力制造能与敌人对抗的洋枪洋炮和船只。因此李鸿章大胆地向慈禧提出不同意见，但是慈禧掌控的皇权不允许他人说不，甚至在甲午战争开战之前，慈禧还以办寿的名义两次挪用海军军费。见慈禧国防意识如此淡薄，李鸿章也清楚了此次甲午战争败多胜少。既然反对无用，再耗下去说不定会惹怒了慈禧，招来杀身之祸，因此李鸿章只得以力退日本海军的心意来结束反对慈禧的进言。

甲午海战后李鸿章被贬，一直到八国联军打进了紫禁城，他才回到朝廷的中心，在慈禧逃亡中被任命为“直隶总督兼北洋大臣”。实际上，当时已经逃到西安的慈禧只是想利用有威望和资历的李鸿章到北京收拾局面罢了。于是，李鸿章就以这种方式回到了所谓的朝廷中心。之后，他又多次对慈禧的其他策略提出反对，但都适可而止，决不纠缠不清。有时候，他知道慈禧不喜欢听他的劝言，就故意反着表达自己的意思，极力赞同慈禧的主意好，多疑的慈禧竟然就因此而改变了初衷。

实际上，李鸿章之所以能多次反对慈禧还被慈禧视为最忠心的人，主要是因为李鸿章十分了解慈禧，知道什么话该说、该怎么说，什么话在某些时候不该说。

在李鸿章眼里，慈禧其实并不是一个十恶不赦的大坏蛋。当年在英法联军逼近北京，咸丰帝准备逃走的时候，是慈禧在储秀宫的帷幕后面第一个站出来，冒着违反祖训的大不韪，极力反对这个懦弱的决定，她告诉皇帝“当皇上之将行也，贵妃力阻。言皇上在京，可以震慑一切。圣驾若行，则宗庙无主，恐为夷人践毁。昔周室东迁，天子蒙尘，永为后世之羞。今若遽弃京城而去，辱莫甚焉。”正因为有这些了解，李鸿章才没有完全地反对慈禧的一切政权，但同时他尽可能地反抗着慈禧对自己的控制。

从以上例子我们不难看出，在慈禧和李鸿章的博弈里，控制与被控制一直是一个主要的关系，但是因为当时时局动荡，两者之间的控制发生了微妙的变化。慈禧控制整个国家乃至皇权，但是令她意想不到的是，皇权在时局动荡之时犹如风中落叶，最终残败得毫无用处。反倒是李鸿章，在这个时局中起到了某些决定性的作用，从被控制的局面转到了反控制的局面。

自污以保全身

◆ **关键词：** 自污以保全身

◆ **重要概念：** 在官场博弈中，为了消除上级对自己实力的恐惧和担忧，有时候及时露拙，自损名声，造成自己实力并不足以威胁上级的情形，不仅可以保全身家性命，还能在以后的大业中积蓄能量。

◆ **精彩案例：** 刘邦与萧何的博弈

官场博弈中，人要圆滑善于自保，懂得随机应变。有时候，采取自污以保全身的策略，未必不是一种好办法。

古来君王皆多疑，据《史记》记载，刘邦就是个猜忌心极重的人，许多将领都受到他的猜疑，就连对开国元勋、与他交情最为深厚的萧何，他也不放心。

刘邦带兵征剿叛军的时候，吕后采用萧何的计策，诛杀了韩信。刘邦闻讯后，怕萧何乘机反叛，忙派使者还朝，封萧何为相国。

但是，就在萧何得意的时候，有人却悄悄劝他要多加小心，并好言相告："您就要大祸临头啦。皇上在外作战，您安然地居守都中，不必遭受兵革之劳，没有冒着箭雨滚石的危险，皇上却增加您的俸禄和护卫，名义上是看重您，实际上并非表示宠信。如今淮阴侯(韩信)谋反被诛，皇上心有余悸，也有怀疑您的心理，我劝您辞掉封赏，拿出所有家产以资军需，这才能打消皇上的疑虑。”

萧何听后大吃一惊，依计而行，变卖家产犒军，刘邦果然高兴，疑虑顿消。

后来，英布谋反，刘邦御驾亲征，萧何仍然留在关中督运粮草。此间刘邦不断派遣使者数次打听萧何的情况。

这时又有人对萧何说：“您不久就会被灭族了！您身居高位，功劳第一，没有什么可封赏的了。可是自您进入关中，一直得到百姓拥护，如今已有十多年了，皇上数次派人问及您的原因，是害怕您得到关中百姓的拥戴。现在您何不多买田地，少抚慰百姓，以此来自损名声呢？得知您在百姓中的口碑不好，皇上肯定会安心的。”

萧何认为此话有理，于是依计行事损坏名声。果然，萧何因强买民田而致谤议的情况报传到了刘邦那里，刘邦放心了很多。刘邦得胜回朝，没给萧何任何处分。就在很多开国元勋被刘邦以各种罪名诛杀的时候，萧何却幸免于难。

官场博弈中，人要圆滑善于自保，懂得随机应变。萧何能在幕僚的提醒下放低姿态，自污以保全身，真是明智之举。

羊能吃狼——弱者的为官智慧

◆ **关键词：**三方博弈

◆ **重要概念：**在一个弱者、次强者、强者的三方博弈中，如果次强者水平较高，弱者最好是挑起强者与次强者之间的争斗，自己袖手旁观坐收渔翁之利；如果次强者水平也较低，那么弱者为了争取更大的生存机会，就应当联合次强者一起对付强者。

◆ **精彩案例：**官员王五的胜利　南宋灭亡

官场博弈，弱者最终占了上风的现象屡见不鲜。在一幕幕“官场现形记”中，许多弱者上演了一幕幕羊吃掉狼的好戏。实际上，这就是弱者的为官智慧之所在。

好比，在一个官圈里，有三个人格外突出，张三政绩突出，连续三年取得了政绩奖章；李四思维敏捷，公关能力强，常能处理突发事件；王五做事认真负责，能及时完成上级领导所布置的任务。这三人都深受上级领导好评，但相比而言，张三是这三个人中能力最强的，王五的能力则最弱。那么，这三人谁能最终成为赢家呢？

一次，上级政府要进行人事变动，从这三人中挑选一位提拔为当地领头人。此时，圈子里所有的同事都认为张三最有希望获得提拔，而王五希望最小。但最后的结果却大出人们意料，恰是能力被认为最差的王五当选。

原来，尽管王五相对于张三和李四来说，工作能力稍逊一筹，但其人有个最大的长处：不与人争，和颜悦色，为人低调。当张三和李四为取得领头的位置而斗得不可开交时，王五却表现得很超脱，一副无所谓的样子，让两位对手感觉不到他的存在，却得到了上级领导的好评。因此，尽管王五的工作能力和政绩并不特别出色，还是最终获得了唯一的提拔资格。如用博弈论的眼光来看待此事，那么，正是王五的这一“弱点”促成了他的成功。

这实质上就是一个博弈规则，一个人在社会上的生存机会不仅取决于其本事的大小，还要看你是否威胁到别人。中国有句俗话叫“功高震主”，一个人能力越强，成就越大，就越有可能走向悲剧结局。中国历史上皇帝之所以大肆诛杀功臣，就是因为功臣的能力和声誉威胁到了皇帝的地位，帝必欲除之而后快。现在，许多政府官员间的相互倾轧，其根源也不过如此。

反过来，如果对其他官员的利益从不构成威胁的人，自然不会是其他官员意欲除掉的对象，这样显然最安全。而能力最强、本事最大的官员，由于“树大招风”，反而最可能落得八面树敌，最终死于乱箭穿心的结局。尤其是在复杂的官场环境中，成为强者自然是每个人的追求。但之前讲过的枪战博弈的例子告诉我们，有时候，经过残酷的竞争，最后生存下来的并不是强者，反而是弱者。不过天上不会掉馅饼，弱者也要采取行动才能取得成功。那么，在现实生活中，面对激烈的官场竞争，有可能身处“弱者”地位的你，应如何运用博弈策略，使自己大获全胜呢？

首先，你要做的便是对全局做出准确的分析，清楚地了解竞争对手的实力以及自己所处的位置。假如在众多竞争对手中，你是实力最弱的一位，那么，你受到攻击的可能性也最小，此时你应该保持低姿态，坐山观虎斗。如果你不自量力，首先采取行动与最强者竞争，那么你注定会最先失败。而保持低姿态，则会让你更有机会获得最后的胜利。

此外，弱者寻找联合，也是取得最后胜利的好办法。这一点，在中国历史上，南宋联合蒙古灭金就是一个反面的例子。当时，蒙古的军事实力最强，金国次之，南宋实力最弱。本来，对于南宋来说，和金国结盟，帮助金国抵御蒙古的入侵才是上策，或者至少保持中立。但是，基于对金国灭亡北宋、俘虏徽钦二帝的仇恨，当时的南宋朝廷采取了和蒙古结盟的政策，先是糊涂地同意了蒙古王子拖雷借道宋地伐金的要求，随后又与蒙古夹击金国。但是，金国灭亡之后，同样的命运很快就轮到南宋了。1276年，南宋被蒙古灭亡。

如果南宋的当政者有战略眼光，能够不计前嫌，与世仇金国结盟，对抗最强大的敌人蒙古，也许南宋和金国都不至于那么快就灭亡。

总之，在一个弱者、次强者、强者的三方博弈中，如果次强者水平较高，弱者最好是挑起强者与次强者之间的争斗，自己袖手旁观坐收渔翁之利；如果次强者水平也较低，那么弱者为了争取更大的生存机会，就应当联合次强者一起对付强者。否则，一旦让最强者消灭了对手，那么弱者也将难以自保。尤其是在官场博弈中，我们更要清楚目前的地位，选择究竟是做一只狼，还是做一只羊。

该糊涂时且糊涂

◆ **关键词**：该糊涂时且糊涂

◆ **重要概念**：官场之中，人人都需要在权力和谋略之间做出权衡，但真正的博弈高手，往往会化斗争于无形之中，该糊涂时且糊涂。

◆ **精彩案例**：朱棣装疯　曹操的博弈

想要在危险重重的官场之中左右逢源，并不是一件简单的事情。为官者学会刚柔并济、该糊涂时且糊涂的权谋之术是立身官场的根本。

自古以来，善于使用权谋的显赫高官不计其数，而这些人之所以能够赢得他人的拥戴，原因就在于他们在与对手斗争之中能展现出高超的政治手腕。历史上通过装糊涂制胜的大有人在，比如朱棣，当年装疯卖傻，逃过朱元璋的双眼，才有后来杀侄夺江山的一幕。

再比如曹操，曹操其实并不全是我们所了解的多疑而残暴，事实上，他被历史学界认为是“中国历史上善于用人的典型”，是为官者的楷模。

曹操年轻的时候就被举为孝廉，并担任洛阳北部尉，他刚到任就在衙门设下五色大棒，杀掉了当时皇帝宠臣——蹇硕的叔叔，并由此而引起当局的不满，最终遭到排挤。自此，曹操了解了官场的黑暗，更明白了权谋之术是在官场纵横的关键。有时候，争强好胜、性格鲜明会对自己十分不利，而装装糊涂倒是有利于蓄势待发。

后来，曹操再度出山，此时，他已经成为了一个深谋远虑的政治高手。在官渡之战击败袁绍之后，曹操的侍卫在袁绍的大帐中搜出了一些通敌信件，侍卫将这些信交给了曹操。在那时，通敌之罪是相当严重的，因此曹操帐下的将士们都捏了一把冷汗。曹操当然看在眼里。所以对于那信件他连看都不看，就下令将其烧了，并且对下属们说："当袁绍强盛的时候，我自己都不能保全自己，何况其他人呢？"曹操的做法赢得了全军的赞赏，更是赢得了部下的尊敬，以至于他的部队所向无敌。

实际上，这件事正显示出了曹操作为一个为官者的高明之处。首先，曹操明白，这是一笔糊涂账，算是算不清楚的，如果真的因这些信件一一予以惩罚的话，不仅会大幅削弱自己的力量，更会影响军队的士气，自己从中捞不到任何好处。其次，这笔账既然算不清楚，那还不如不算。这样做的好处是，让原本人人自危的将士们放宽心，没有后顾之忧，同时，通敌的人会因为曹操这样大度的处理方式而心存感激，更能为曹操效死命。最后，这些信件的真实性尚未调查清楚。也就是说，这些信件有可能是袁绍伪造的，目的就是为了让曹操自断其臂，这同样是值得曹操注意的一点。综合这些因素，曹操才得出了装糊涂、不予追究的博弈对策，故而在这场博弈中收获了人心。

可见，官场之中，人人都需要在权力和谋略之间做出权衡，但真正的博弈高手，往往会化斗争于无形之中，该糊涂时且糊涂。

君王的控制手段

◆ **关键词：** 削弱相权

◆ **重要概念：** 在君与相的博弈中，君王要想牢牢地控制住政局，必须想办法削弱相权，消灭潜在的威胁，才能保证统治长治久安。

◆ **精彩案例：** 赵匡胤杯酒释兵权

世界名著《君主论》里提到，君王须兼狮子的凶残和狐狸的狡诈。这个惊世骇俗的观点，实质上对于君王的控制力有很大的作用。在君权与相权的博弈中，君王采取如此方法，实际上并不为过。

自古以来，皇权与相权的对抗都带着血腥的色彩，诸多君王都采取了狮子般的凶残手段来除掉后患，将开国功臣杀死于皇权之下。但中国历史上有一位帝王却用了另一种方式将自己的皇权加以强化。他就是宋太祖赵匡胤，他用的手段是那种狐狸般狡诈的非杀行为。

赵匡胤陈桥兵变后，建立宋朝。在建立了宋朝后，赵匡胤与所有开国皇帝们一样，对宋朝的命运产生了担忧，赵匡胤决定削弱开国功臣们的势力，让宋朝不重蹈后周五个短命王朝的覆辙。

收兵权成为了赵匡胤最先想到的办法。作为皇帝，他很清楚，那些手握重兵的高级将领将是自己皇位的潜在威胁，而“陈桥兵变”让他更懂得掌握军队的重要性。纵观以往各个朝代，其朝代的更替与有无兵权有着很密切的关系，因此，收回兵权势在必行。于是，为了加强朝廷对军队的控制，赵匡胤把各位功勋老臣请到了一起，不动刀子不拔剑，准备在酒桌上解决问题。这就是著名的“杯酒释兵权”，即以优厚的经济待遇来解除一些高级将领的兵权。任命殿前副都点检、忠武节度使高怀德为归德节度使，而侍卫都指挥使、归德节度使石守信则为天平节度使，殿前都指挥使王审琦则成为忠正节度使。经过一系列的军权整顿后，最终皇权牢牢地控制住了军权。赵匡胤几杯美酒，轻而易举地解决了大将专军权的问题，被誉为“最高政治艺术的运用”，成为千古佳话。

在收回兵权后，赵匡胤开始削弱相权来强化皇权。首先分割了宰相的权力。在宋朝以前的中央统治中，宰相是百官之首，掌管着一切政务，因此，相权对于皇权自然是很大的威胁。赵匡胤后来也怕宰相的权力太大会危害到皇帝的统治，于是下定决心削减相权。他将其分为“削夺其权”、“制其钱谷”、“收其精兵”三步来进行。

首先，在“削夺其权”方面，赵匡胤陆续派遣文官到地方州郡担任长官，以取代跋扈难控的军人；并在知州之外设立通判，两者共掌政权，互相牵制，分散和削弱了地方长官的权力。

其次，在“制其钱谷”方面，赵匡胤设置转运使来管理地方财政，并规定，各州的赋税收入除留出其正常的经费开支外，其余的一律送交京师，不得擅留。这样，既增加了中央的财政收入，又使地方无法拥有对抗中央的物质基础。

最后，在“收其精兵”方面，赵匡胤将厢军中的精锐将士统统抽调到中央禁军，使禁军人数扩充到几十万，而地方部队只剩下一些老弱兵员，只能充当杂役，缺乏作战能力，根本无法和中央禁军抗衡，这就摧毁了地方反抗中央的军事基础。

就这样，赵匡胤成功地通过对藩镇权力的剥夺，对武臣的压制，改变了五代时期藩镇割据、朝廷寡弱、武人跋扈、文臣无权的状况，提高了中央的威权。尤其值得称道的是，他没有使用过激的方式就实现了自己的目的——削弱相权，加强皇权。

尽管赵匡胤的做法为后来宋朝的衰落埋下了隐患，但是从博弈的角度来讲，赵匡胤与众臣的博弈，他无疑赢得很完美。

七　从对抗到合作

——谈判中的博弈

阅读指南：

悬崖策略指的是用威胁的手段来达到预期目的的方法。

有的时候，谈判并不是全凭一张嘴，你之前的为人和行动，都会给对方造成主观上的判断。在商业谈判之前，如果你让对方看到了你的潜在实力，看到了你的诚信，那么就好比为此后的谈判做了铺垫，打了形象分。所以我们说，在博弈策略中，谈判也需要诚信做掩护。

谈判的时候，我们应该不卑不亢，不要被情绪所左右，掌握好谈判的火候，就一定能成功。

在双方博弈过程中，只要利用了谈判中的技巧，在谈判中做到软硬兼施，就能够达到我们想达到的目的。

有时候，故意设局让对手往里跳，最终让他陷入骑虎难下的局面，从而使自己的利益得到最大化，不失为一个博弈良策。

悬崖策略，让对方不攻自破

◆ 关键词：悬崖策略

◆ 重要概念：悬崖策略指的是用威胁的手段来达到预期目的的方法。

◆ 精彩案例：邓小平同志与撒切尔夫人的谈判

在谈判博弈中，始终保持强势的姿态，有时候会给对方造成一定的威慑，使其最终不得不妥协。这种强势的博弈策略也被称为悬崖策略。

悬崖策略指的是用威胁的手段来达到预期目的的方法。一般来说，在双方谈判中，博弈一方采用语言或是其他途径告诉对方自己的立场，如果条件过高则可能终止互动交流，这样双方的交涉都归于无效；如果条件过低则得不到最大利益，在某种程度上可以说是遭受了损失。因此，博弈一方需要充分了解对方可以接受的范围，并根据这一信息调整自己的计划，做出合理的决策。当然决策者可以先降低条件，再使用悬崖策略。

至今，我们仍记得当年邓小平同志与撒切尔夫人谈判时的情景，邓小平同志的强势一直震撼着整个谈判场内，同样也震撼世界。

1982年9月，英国首相撒切尔夫人访问中国，就香港前途问题与中国领导人进行会谈。邓小平以一个伟大爱国者的情怀，严正驳斥了撒切尔夫人的“三个条约有效论”，宣布中国领导人决不当李鸿章，明确表明了中国政府收回香港、维护中国主权和领土完整的坚定立场。此后，他又驳回了英方提出的“以主权换治权”的要求，成功地在这一场决定香港未来前途命运的博弈中获得了胜利。

实际上，政治谈判比我们想象的要艰难得多。表面上，中英表现得很友好，但事实上谁都知道在香港问题上双方有着不同甚至是对立的立场。而且，与邓小平同志谈判的，正是以“铁腕”著称的英国首相撒切尔夫人，万不得已，她绝对不可能做出妥协。

谈判一开始，英国方面在香港问题上就抱定“有关香港的三个条约仍然有效”的主张，并且大造舆论。面对撒切尔夫人的挑战，邓小平寸步不让，理直气壮。他首先指出，谈判的目的除了要解决香港回归中国的问题之外，还要磋商、解决另外两个主要问题：一个是1997年后采取什么方式来管理香港，继续保持它的繁荣；另一个是中英两国政府要妥善商谈如何使香港从现在到1997年的15年中不出现大波动，这些才是中英关于香港前途问题谈判的完整议题。

而关于香港的主权归属，邓小平毫不含糊地指出“中国在这个问题上没有回旋余地”，并义正词言地表明，“主权不是一个可以讨论的问题。”“现在时机已经成熟，应该明确肯定：1997年中国将收回香港。就是说，中国要收回的不仅是新界，而且包括香港岛、九龙。”邓小平同志又重申了新中国始终不承认19世纪三个不平等条约的一贯立场。他告诉撒切尔夫人，收回香港是全中国人民乃至全世界人民的意愿。“如果不收回，就意味着中国政府是晚清政府，中国领导人是李鸿章！”邓小平说，在不迟于一两年的时间内，中国就要正式宣布收回香港的决策。“中国宣布这个决策，从大的方面来讲，对英国也是有利的，因为这意味着届时英国将彻底地结束殖民统治时代，在世界舆论面前会得到好评。”

在强势的邓小平同志面前，撒切尔夫人受到很大的威慑，但是她丝毫不表露出来，更不会就此罢休，她适时提出了关于“香港的繁荣离不开英国管理”的观点。而邓小平只是轻描淡写地表示：“保持香港的繁荣，我们希望取得英国的合作，但这不是说，香港继续保持繁荣必须在英国的管辖之下才能实现。香港继续保持繁荣根本上取决于中国收回香港后，在中国的管辖之下，实行适合于香港的政策。”至此，英方的一切谈判材料几乎都被邓小平推翻了，在强势的邓小平面前，撒切尔夫人只得败下阵来。

邓小平同志在这场谈判博弈中，表现出了高超的政治手腕，毫无疑问地赢得了这场对决。首先一开场，他就旗帜鲜明地摆明了中国方面对于香港主权问题的强硬态度，使得英国方面不得不在此基础上重新考虑自己的对策。其次，他巧妙地利用舆论的压力，站在对方的立场将“结束殖民统治”看作是政治进步的成果，将英方的立场转变为利益的合作者，从而取得了谈判的成功。

邓小平同志在谈判中运用的这种强势态度，在博弈中被称为悬崖策略。但是，我们应该注意的是，悬崖策略是有风险的，使用不当会引起谈判对方的反感，造成谈判的破裂和双方关系的恶化。

比如在一次商业峰会上，两家大型企业进行合作谈判。本来是合作谈判，大家可以将气氛搞得更轻松一些，但是谈判一方却一开始就态度强硬，表示“不符合我们的任何一个要求，这个谈判，我们继续下去就很困难”。这里的悬崖策略显然是使用不当的，因为既然是合作，所谈条件就应该符合双方的利益。而一方的这种谈判方法，无疑是将此次谈判推向僵局，最终自己也是骑虎难下。

由此可见，无论是商业谈判还是政治会晤，在坚持自身立场的情况下，善于利用自身的优势，给对方造成压迫式的效果，是保证自我利益最大化的重要手段。但是悬崖策略并不是任何场合都可以使用的，而且使用不当的话会适得其反。因此，我们在使用悬崖策略之前，一定要分清形势，预想结果，争取整个谈判能够圆满成功。

谈判也需要诚信的“掩护”

◆ 关键词：掩护

◆ 重要概念：有的时候，谈判并不是全凭一张嘴，你之前的为人和行动，都会给对方造成主观上的判断。在商业谈判之前，如果你让对方看到了你的潜在实力，看到了你的诚信，那么就好比为此后的谈判做了铺垫，打了形象分。所以我们说，在博弈策略中，谈判也需要诚信做掩护。

◆ 精彩案例：李嘉诚成功谈下欧美批发商订单

现实生活中，诚信已经成为了衡量一个人道德的标尺。即便是在各自为了自己利益而唇舌博弈的谈判桌上，也少不了诚信的铺垫。这里我们还要举商界奇才李嘉诚的例子。

当年，李嘉诚成功拿下塑胶花市场后，将目光瞄准了世界最大的欧美市场。他渴望能在欧美市场占据一块地盘，为此，他想到了与欧美批发商谈判。可是对于一个还从未进入欧美市场的华人来说，与欧美批发商谈判，难度是可想而知的。

欧美市场消费量占世界消费总量的一半以上，这对于一个想赚大钱的商人来说，该是多大的一个诱惑呀！然而，要进入欧美市场，一般都要通过香港当地的洋行代理。这是因为，当时香港的对外贸易基本上还是由洋行垄断，华人商行的优势，则在中国内地和东南亚的华人社会当中。20世纪50年代，西方国家对华实行贸易垄断，使得香港华人商行的出口途径，被限制在了东南亚。一方面，从香港出口的产品的生产商根本赚不到钱，另一方面，向东南亚出口的产品是被洋行赚了钱。

洋行一般在欧美设有分支机构，拥有稳固的客户，建立起了多年的信用。香港的塑胶花正是这样进入欧美市场的，李嘉诚也接到过不少本地洋行的订单。然而，李嘉诚对这种交易方式十分不满，因为这样一来，一切都缺乏透明度，诸如塑胶花具体销往何国何地？代理商是谁？离岸价、批发价、零售价是多少？销路如何？消费者有何反馈？对这些问题，生产商都不甚清楚。自己只会被人牵着鼻子走。曾经有一家洋行提出包销长江公司的全部塑胶花。如果这件事摊在别的厂家身上，他们无疑会认为这是天上掉下的馅饼，肯定会马上签约。因为这样一来，产品从此之后的销路就再也不成问题，再也用不着为寻找市场而发愁了。但李嘉诚的想法不同，他谢绝了对方的“好意”，他不想这样被人牵着鼻子走。他决意抛开中间商，直接与欧美的客商交易，以争取掌握主动权。在商战中，争取主动权很重要，这样才能按自己的思路经营企业。如果失去主动权，就好比国家丧失主权一样，只能成为别国的附庸。这是任何一个有大志者都不希望出现的结果。

绕过中间商，李嘉诚就能牢牢地掌握了主动权。直接从欧美批发商手中取得订单，价格上双方都得到了实惠。更重要的是，李嘉诚从此能摆脱洋行的控制。于是，李嘉诚一方面派出得力的营销干将前往欧美，积极联络批发商来港与自己合作；另一方面，他时刻关注着香港的商业动向，一旦得知有境外批发商来到香港，就马上寻机与他们直接洽谈，给他们看样品，与他们签合同。经过这样双管齐下的努力，李嘉诚终于把中间商给甩开了，自己牢牢地掌握了主动权。不但直接从欧美批发商的手里接到了大批订单，还有许多订单从境外直接飞来。

为了谋求进一步的发展，增强竞争实力，李嘉诚不惜重金网罗全香港最优秀的塑胶人才，不断地推出新产品。然而，即使改制为股份制，要发展这样的规模，还是有问题。资金不足、设备短缺，长江公司的生产规模受到严重阻碍。李嘉诚唯恐再陷于前几年的被动局面，不敢放手接受订单。

正当李嘉诚苦苦思索解决的办法，全力拓展欧美市场的时候，一条大鱼游到李嘉诚身边，机遇又垂青于这位永不言败的年轻人身上。

这是欧洲的一位大批发商，他看到李嘉诚派赴欧洲的推销员带去的样品，立即飞抵香港。当时，这位大批发商认为，长江塑胶厂的塑胶花品质品种都已超过意大利，居于世界先进水平，而价格还不到欧洲产品的一半。因此，他打定主意到香港大量订购塑胶花。批发商刚到香港，就通过一些渠道得知李嘉诚资金短缺。为保险起见，他答应可以与李嘉诚做生意，但条件是李嘉诚必须有实力雄厚的公司或个人进行经济担保。

李嘉诚知道这位批发商的销售网遍及欧洲最主要的市场——西欧和北欧。更深知，能与他结成生意伙伴，对长江公司有多重要的意义。但是，李嘉诚竭尽努力，也没有找到担保人。李嘉诚非常失望。但只要有一线希望，就要全力争取，这是李嘉诚的性格。如果这个方法不行，那就想别的办法。这时李嘉诚又拿出他的看家本领——那就是诚信。

李嘉诚与设计师一道通宵达旦连夜赶出9款样品。批发商的意向是订购3种产品，李嘉诚则每种设计了3款。第二天，李嘉诚带着样品到批发商下榻的酒店。批发商大为赞赏这9款样品，声言是他所见到过的最好的3组。望着李嘉诚通宵未眠熬得通红的双眼，批发商心里便明白了一切。他拍拍李嘉诚的肩膀说："我欣赏你的办事作风和效率。我们开始谈生意吧？"

提到谈生意，李嘉诚自然想到了谈判，说实话，现在的他，对于谈判几乎没有把握。因为他根本没有找到担保人！想来想去，李嘉诚只能坦率直言说："谢谢您的厚爱。我非常非常希望能与先生做生意。可我又不得不坦诚地告诉您，我实在找不到殷实的厂商为我担保，十分抱歉。"

"尽管目前本公司的生产规模还满足不了您的要求，但我会尽最大的努力扩大生产规模。至于价格，我保证会是全香港最优惠的。我的原则是做长期生意，做大生意，薄利多销，互利互惠。"

这时，批发商微笑着对李嘉诚说："你不必为担保的事担心了。我替你找好了一个担保人，这个担保人就是你自己。"

没想到，接下来的谈判就在轻松的气氛中进行，李嘉诚很快就签了第一单购销合同。按协议，批发商提前交付货款，基本解决了李嘉诚扩大再生产的资金问题。是这位批发商主动提出一次付清，足见他对李嘉诚信誉及产品质量的充分信任。

可见，有的时候，谈判并不是全凭一张嘴，你之前的为人和行动，都会给对方造成主观上的判断。在商业谈判之前，如果你让对方看到了你的潜在实力，看到了你的诚信，那么就好比为此后的谈判做了铺垫，打了形象分。所以我们说，在博弈策略中，谈判也需要诚信做掩护。

不卑不亢，掌握博弈的火候

◆ **关键词**：不卑不亢

◆ **重要概念**：谈判的时候，我们应该不卑不亢，不要被情绪所左右，掌握好谈判的火候，就一定能成功。

◆ **精彩案例**：小云的失败经历　屈完智退齐兵

在谈判博弈的时候，双方的态度非常重要，态度好比火候，掌握得当便能带来成功。很多时候，谈判桌上的一个态度就可以左右整个谈判的结果。

小云是一家公司专门负责谈判的干将，她漂亮、自信、精明，每次谈判，她都能给公司带来意想不到的惊喜。但是这次谈判，小云却遭遇到了难以言表的失败，而失败的主要原因，竟然是自己在态度上出了一个小问题。

原来，此次谈判是小云的公司与B公司为了合作一笔很重要的生意而进行的，对双方都很重要，尤其是对规模相对较小的小云所在公司来说，此次谈判关系重大。

谈判一开始，小云就近乎惊呆了。原来，与她谈判的，竟然是曾经抛弃她的男友。虽然，他们已经分手两年多了，但是小云始终没有忘记过他，是他喜新厌旧导致两人感情的终结。如今，两人对面而坐，一阵屈辱感油然而生，小云恨不得立即结束谈判，回家冲个凉水澡。

见到小云，对方也十分吃惊，但随即恢复了镇静，双方装着彼此不认识，谈判准时进行。

接下来的谈判里，尽管小云极力控制自己的情绪，但是还是在一个小细节上触及了对方的面子，并且一发不可收拾。当时对方说了一句："我们公司以诚信为本，绝不会为了小利而伤合作。"还不等他说完，小云就回道："不喜新厌旧就好。"接下来，小云像是越说越起劲，说了一些很伤对方面子的话，同时自己以往的高傲和机敏也顿时烟消云散，使得谈判桌上的人都看出来，这两人的关系肯定不一般。

由于小云的情绪化，对方也实在无法忍受，建议尽快中止谈判，给大家一些考虑时间，下次再谈。

这次意义重大的谈判，小云就这样白白丢掉了。哪怕她在谈判桌上秉公一点，态度端正一点，掌握好火候，结果都会比现在要好。

现实生活中，还有很多这样的例子。总的来说，谈判的时候，我们应该不卑不亢，不要被情绪所左右，掌握好谈判的火候，就一定能成功，相反，如果做不到这些，谈判很可能就一团糟，要是在政治谈判桌上，一个国家的颜面很可能就这样被丢尽了。

公元前656年，齐桓公召集了宋、鲁、陈、卫、郑、曹、许七国的军队联合攻打楚国。楚王得知后也开始集合自己的兵马准备迎敌。楚国人一边准备迎敌，一边分析双方的实力与战争的形势：如果与齐国直接交战，对楚国来说没有好处，因为寡不敌众，对方人数太多。于是楚王很希望齐国退兵。

于是楚王一边备战，一边派使者前往齐桓公处谈判。楚国使者见到齐桓公后便说，齐国在北，楚国在南，两国素不往来，井水不犯河水，为什么齐国的兵马跑到楚国了呢？其实，这使者说的确实是事实，但是使者忽略了国与国之间是不能够用距离来衡量划分的，国与国之争乃是利益之争。

在听了楚国使者的一番话后，管仲就立刻反击说，两国虽然相隔很遥远，但都是周天子封地。当初的齐国太公姜尚受封的时候就接受了一个命令：谁要是不服从周天子，齐国就有权利去征讨他，而楚国本来每年都有进贡，现在为什么就不进贡了呢？

管仲实则是将自己的野蛮进攻说成了冠冕堂皇的出师有名。话里的含义是说攻打你楚国，并不是我齐国的意思，而是周天子所派，所以齐国是正义之师。

但事实显然并非如此。其实当时诸侯国不向周天子进贡已经是不争的事实。其中秦国与晋国也都不进贡，但是齐国为什么没有去攻打他们呢？从这一点上可以看出管仲话里的破绽。但是楚国使者不知道是被吓住了，还是过于期待齐国退兵，竟然忽略了管仲话里的破绽。更荒谬的是，在管仲的巧舌如簧下，使者竟完全没有了一个谈判者应有的不卑不亢的态度，对管仲说没有进贡是楚国的错，以后楚国一定会进贡。殊不知，齐国攻打楚国的本意根本与进贡无关，使者这样说既暴露了自己的弱势，又反而给了齐国进攻楚国的充足理由——你不进贡，犯了错，我理应来教训你。

这次谈判，可以说是楚国使者最为失败的一次，就在楚国使者走后，齐国联军浩浩荡荡地前进到了召陵。

实际上，楚国使者要是能做到不卑不亢，分清形势，告知齐国，楚国并非没有缚鸡之力，如果两国交战，鹿死谁手还不一定，只会伤及更多的无辜百姓，并抓住火候回击管仲的漏洞，说不定还能将齐国劝服。

形势所逼，楚王又派了一个使者屈完到了齐国。当时的齐桓公为了显示自己的君威，就请屈完一起坐车去看各路兵马。齐军果然兵强马壮。然后齐桓公骄傲地说，如此强大的兵马，谁能够抵挡得了？而屈完却从中听出了另一层意思，那就是楚国行为不够尊重齐国军队，现在楚国应该给齐国点赔偿，至于怎么赔偿，要看楚国的行动了。

屈完看出了这一点，便抓住火候，镇定地回话说，君侯等人协助天子，扶助弱小，讲究道义才会得到别人真心的佩服，要是仅凭借武力让人屈服的话，就算楚国国力不强，却也可以用方城来做护城墙，用汉水来做护壕沟，楚国拥有易守难攻的地理优势，齐国就是多带人马来，也未必打得进去。

其实屈完的意思很简单，那就是你们有实力，楚国也不是没有，要是真的打起来，齐国未必能得到什么好处，如果想到楚国占便宜，那么是打错算盘了，如果大家都好好谈谈的话，还是可以和平解决的。

对于当时楚国的国力来说，屈完的话既有想和平解决问题的柔顺之意，也有着话语之间的威胁，可以说，屈完的态度是针锋相对、不卑不亢的。而齐桓公听完屈完的话，心里虽然不高兴，但也认真地估计了双方的实力，如果真的打起来，可以说齐国未必能轻易打败楚国，到时如果面临那样的境地，就真可谓骑虎难下了。经过一番思考，齐桓公终于放弃了攻打楚国的想法，而楚国也对齐国做出了相当的赔偿。

可见，说话的方式不同，态度不同，谈判的结果竟会有天壤之别。而说话的方式与态度，其实就是博弈的铁律。

从对抗到合作

◆ **关键词：**对抗　合作

◆ **重要概念：**谈判博弈中，最理想的结果便是从对抗走向合作。

◆ **精彩案例：**中国企业与美国方面的谈判　王雷的谈判经历

现实生活中，无论是生活还是工作，或者外交事务，都离不开沟通和谈判。而在谈判博弈中，最理想的结果便是从对抗走向合作。那么，如何才能达到这一结果呢，实际上，谈判是一门艺术，只要你懂得在什么场合说什么话，遇到什么样的事件采取什么样的态度，那么你就一定可以找到谈判的窍门，赢得谈判的成功。

2005年6月，中国某集团公司的几个高层人员前往美国，与一家国际知名的连锁零售巨头洽谈合作事宜，对方却只给了他们20分钟的时间。中国企业负责人此时极为不满，深知在这种情况下，只有强硬起来，才有可能扭转乾坤。而如果一开始就显示出自己的软弱的话，那么此次谈判肯定会以失败告终。因此，在和这家巨头谈判时，中国企业负责人口气极为强硬，他说："听说你们要到中国来，我们十分欢迎，不过，你们来中国后，只有两条路可以选择：要么与我合作，要么成为我的对手！虽然你们在管理上、技术上有优势，但不一定适合中国国情，而我们却精通此道，因此，你们未必能胜过我！”此话一出，美国方面刚才的傲慢和无理受到了当头棒喝，不得不乖乖地听着这个中国人继续说下去。

中国企业负责人又说：“听说你们把在中国的基地建立在XX市，这我早就知道，你们知道我为什么没把XX市的门店列入上市行列吗？现在我可以直言相告，就是为了等你们来！”

此时，美国方面的代表几乎哑口无言了，对手竟然把自己了解得如此清楚，而且眼光如此长远，霸气十足，自觉之前实在是低估了中国企业。结果在此次会谈结束后的第二天，这家零售巨头代表就亲自登门拜访中国这家企业的负责人。

这让我不禁想起，曾经有人说的“态度不强硬，怎么可能赚到钱？”这句话。说这句话的，是一个私营企业的老板，叫作王雷。他的企业在全国市场上虽说不算大，但是在当地很有名气。作为老板的他，在商场上与对手谈判前，也拥有着大将风范。而且刚柔并济，硬是能将一场完全对抗的谈判变成合作的盛宴。

一次谈一笔合同，还未开始谈判，王雷就先与对方相互了解了彼此的意愿。在谈判中，对方一直希望王雷用低于市场价的百分之五的价钱将手中的原料卖给他，而无论作为王雷本人还是他的企业来说，那样的价格是根本不可能成交的。但是对方一直在挑剔，甚至最后告诉王雷，大不了不签合同，原料这东西到处都有，也不是就你王雷一家有。听到这样毫无诚意的话，王雷不客气地说：“那我就告诉你们，方圆几百里的原料加工厂都与我们有来往，不要说那些厂子不可能将价钱压低，就算是有加工厂想卖，只要我们公司出面，谁也别想从这里买到原料。”

王雷这话不是开玩笑，当时他的公司确实有能力做到，对方显然也明白这一点。但他们显然还想对抗下去，于是对王雷说：“即便你有本领能够让我们在方圆几百里内买不到原料，但是过了方圆几百里总能买到吧，我们不相信有钱买不到东西。”

本想这话一定能够吓住王雷，不料王雷听到这话，反倒是笑着说：“你们的公司如果能换地方，我没意见，而能够等到几百里外的原料再交货，我更没意见。毕竟做买卖都想赚钱，你大可不必从我这里买原料。”其实当时双方都清楚，对方公司根本没有时间再从远处买原料。就在对方稍作迟疑时，王雷抓住时机，开口说：“如果你们真的有心做生意，我就给你们减少一成，否则你们就去自己想办法。”这一个小小的让步既没有让自己吃多少亏，又给对方一个台阶下，显然十分受用。对方一听，只能签了合同。

可见，只要利用了谈判中的技巧，在谈判中，做到软硬兼施，就能够达到我们想达到的目的。

获取最大的利益

◆ 关键词：最大的利益

◆ 重要概念：有时候，故意设局让对手往里跳，最终让他陷入骑虎难下的局面，从而使自己的利益得到最大化，不失为一个博弈良策。

◆ 精彩案例：与总统争房间

懂得谈判就意味着可以获得更多的利益。因此，谈判实际上就是一个复杂的博弈。语言的艺术手段只是谈判整体艺术中的一个重要组成部分，一项谈判要获得成功，还须有赖于谈判者本人的博弈能力。

在谈判过程中，为了使谈判者在谈判中处于更加有利的地位，而不至于过于被动，往往需要对谈判的语言进行结构和语序以及方式上的调整，使对方不知不觉地顺着自己的思路来思考问题，从而获得更大的切实利益。

一名教士问主教说：“我可以在祈祷的时候抽支烟吗？”主教非常生气地训斥了这位教士，因为他觉得这位教士在祈祷这么严肃的时候，想要抽烟，是对上帝的大不敬。过了一会，另一位教士问主教：“我可以在抽烟的情况下祈祷吗？”主教非常兴奋地答应了他的请求，因为主教觉得，虽然教士抽烟犯了罪，但是能这个时候还念念不忘上帝，说明他有悔改之心。

博弈论学者研究认为，人难以接受那些违背社会规则和伦理道德的行为，那后一位教士变换了语序，使人们产生了错觉，减少了对抗和敌视的因素，增加了和善、友好的感情，达到了最终的目的。

谈判的语言运用好的话可以直接带来切实的利益。某个商场休息室经营咖啡和牛奶，刚开始的时候，服务员招呼顾客总是说："要喝咖啡吗？"或者是："来杯牛奶吧！"但是喝牛奶和咖啡的人并不多，后来老板让服务员换了一种招呼顾客的方法，他们问："先生，要喝牛奶还是咖啡？"结果，顾客立刻多了起来，前面招呼顾客的方式，是一种否定式，要么选择是，要么选择非，而后一种问候是一种二选一式，大多数情况下，顾客会选择一种。

美国前总统华盛顿年轻时，家里的一匹马被邻人偷走了。华盛顿便与一位警官到邻人的农场里去索要，但那人口口声声说那是自己的马而拒绝归还。华盛顿用双手蒙住马的两眼，对邻人说："如果这马是你的，那么，请你告诉我们，马的哪只眼睛是瞎的？"

"右眼。"

华盛顿放开蒙住右眼的手，马的右眼相当正常。

"我说错了，马的左眼才是瞎的。"邻人急忙争辩说。

华盛顿放开蒙住左眼的手，马的左眼也不瞎。

"我又说错了……"邻人还想争辩。

"是的，你错了。"警官说，"这证明马不是你的，你必须把马立即还给华盛顿先生！"

从心理上说，邻人虽不知道马的眼睛瞎不瞎，或哪一只眼睛瞎，却必须强装知道而不能回答不知道。而他要回答，又必然会临时捕捉一些可供参考的因素来增加“侥幸言中”的可能。所以华盛顿的发问故意用了个问句：“马的哪只眼睛是瞎的？”这句问话包含着一个假设，即马肯定有一只眼睛是瞎的，无论对方回答是哪一只眼睛，都得先承认这个假设。偷马贼不知是计，还以为华盛顿无意中向他透露了“马有一只眼瞎了”的真相，所以他怀着百分之五十的希望瞎猜，果不其然地落入华盛顿设下的“陷阱”，不打自招。

向说话对手提出一个虚假的问题，不论对方如何作答都会掉进自己的圈套，然后尽可指其谬误，使对方无言以辩。

美国谈判大师荷伯·科恩一次飞往墨西哥城主持一个谈判研讨会。抵达目的地时，旅馆告之“客满”。此时，荷伯施展了他的看家本领，找到了旅馆经理问：“如果墨西哥总统来了怎么办？你们是否要给他一个房间？”

经理回答：“是的，先生。”

荷伯接着说：“好吧，他没有来，所以，我住他那间。”结果他顺顺畅畅地住进了总统套房，不过附加条件是，总统来了必须立即让出，而这个几率是很小的。

从经理与荷伯的谈判博弈中，我们不难看出，有时候，故意设局让对手往里跳，最终让他陷入骑虎难下的局面，从而使自己的利益得到最大化，不失为一个博弈良策。

八 来自金星与火星的碰撞

——爱情中的博弈

阅读指南：

爱情博弈中，赞美对方的付出，赞美对方的劳动成果，要远远比赞美脸蛋的效果好得多。当然，这并不意味着就不赞美对方的美貌。

暗恋是最不可思议的博弈，我们运用博弈论的知识能测算出暗恋结果的概率。

在“鲜花”的心目中，幸福才是最重要的，虽然心里多少会有些遗憾，但是根据她选择伴侣的标准，宁愿要一个爱她的“牛粪”老公，也不要三心二意的“花瓶”做老公。于是，根据这种逻辑，“鲜花插牛粪”的现象就很自然。

根据博弈策略，我们可以这样推算，若一个人在20~30岁之间选择结婚对象，而这20位人选以每年两位的平均分布出现，那么你在24岁才开始认真考虑终身大事比较合适。

爱情最不应该报复，即使你受伤再深。因为，报复只会加深伤口的疼痛。而为了避免这一切，不能确定一定能做到的，就应该尽量不去承诺。

赞美对方什么最能收到效果

◆ **关键词：** 赞美

◆ **重要概念：** 在爱情博弈中，赞美对方的付出，赞美对方的劳动成果，要远远比赞美脸蛋的效果好得多。当然，这并不意味着就不赞美对方的美貌。

◆ **精彩案例：** 小张和小李的爱情博弈　王先生的领带

实际上，博弈是一门最有趣的游戏，它能帮助我们正确对待生活中所遇到的各种难题，包括让人愁白了三千烦恼丝的爱情。在爱情博弈中，赞美心仪的人是必须的，也是很关键的。说来也怪，很多人之所以爱情竞争失败，就是因为嘴太笨。

记得美国成功学大师卡耐基说过："男人要注意赞美女人的穿衣打扮，因为这是女人花了很多心思的。男人们知道这一点，也往往忽视这一点。举个例子，有一对男女在街上遇见了另一对男女，女人很少会注意对方的另一个男人，但她会非常留心对方的另一个女人的穿衣打扮。"

的确，现实生活中有的男子很用心思赞美对方，结果得到了姑娘的芳心。而有的却因为"不当"的赞美赔了感情。

小张和小李同时爱上了一个温柔美丽的姑娘小美。为了表示对小美的倾慕之情，小张每次见到小美，都会夸赞她几句："你真美”、“你真漂亮”、“你很可爱”。初听起来，小美心里美滋滋的，但是听得多了，也就腻了。恰好这时，小李也展开了追求小美的攻势，经常约小美出来玩，小李每次见到小美，都会观察一番，然后赞道：“小美，你今天的发型真好看”、“你今天穿的衣服很漂亮”、“这个耳环很有品位”等等。尽管他很少赞美小美的脸蛋，但是这些话对小美却很受用。至少，小美认为小李的赞美是经过仔细观察，是对自己劳动成果的肯定。

结果可想而知，小张和小李的这场爱情博弈，最终以小李的胜利而结束。眼看着小李和小美整日手牵手地走在一起，小张疑惑不解：“我究竟哪里比不上小李？为什么小美不选择我呢？”

实际上，现实生活中很多人都会有这样的困扰：在与心仪的人交往的时候，究竟赞美对方什么才会产生更好的效果。

洛杉矶家庭关系学社社长保罗·波皮诺曾说：“大部分的男人，在寻找太太的时候，他们想找的，不是工作能力强的那一种，而是看上去让他很有面子的那一种。所以，那些工作上的女强人，一般也就是有人请吃个饭，点到为止罢了。在饭桌上，她可能会大谈她的工作、学识，但没多久，她就要重新过一个人吃饭的日子了。而有些女人就不一样了，当示爱者请她去吃饭的时候，她会温情地看着他说：‘我想听一下你的事迹，好吗？’结果她往往会得到对方这样的评价：‘虽然她不是特别漂亮，可她说话的方式真让我舒服。’”

其实，赞美对方的时候，并不需要你说多么华丽的辞藻，但是一定要注意说话的方式。即便是对大大咧咧的男士，也一定要在赞美他时，注意言词与方法。而这一切，都是博弈中必须要懂的策略。

小敏和玲玲同时对王先生产生了好感，平时都很细心地观察着王先生的一举一动。暗地里，两人也互相争夺着王先生的好感。

有一天，王先生打了一条墨绿色的领带，本来看着是略显老气的。但是小敏为了找王先生搭话，便赞叹道：“王哥，你这条领带不错啊！很有品位。本来你就挺有气质的，这么装扮更好看。”王先生听了这话，笑呵呵地对小敏表示感谢，并且说要请小敏喝下午茶。

而玲玲则不同，她仔细欣赏着王先生，笑呵呵地说道：“王哥，你这样年轻潇洒，而且穿西装又很有品位，怎么打扮都好看，不过你今天穿的这身西装，配蓝色领带会更有风度哦！不如我送你一条蓝色领带戴着试试，到时候肯定迷倒众生！嘻嘻。”听了玲玲这一番话，王先生心里更是有滋有味，当时就表示要请玲玲吃晚餐。

当天下午，与小敏一起喝下午茶的时候，王先生就婉言向她表示，他一直对玲玲很有好感，而且晚上正想和玲玲坦白感情。

可见，在爱情博弈中，赞美对方的付出，赞美对方的劳动成果，要远远比赞美脸蛋的效果好得多。当然，这并不意味着就不赞美对方的美貌。

暗恋是最不可思议的博弈

◆ **关键词：** 暗恋

◆ **重要概念：** 暗恋是最不可思议的博弈，我们运用博弈论的知识能测算出暗恋结果的概率。

◆ **精彩案例：** 金桥与蒙蒙的暗恋

用博弈的眼光来看暗恋，会发现，暗恋是最不可思议的！

如果将博弈知识套用到暗恋行为里，可以这样理解：我知道我喜欢你，但我不知道你是否知道我喜欢你。

金桥与蒙蒙同时爱上了一个善良、帅气的男孩，但是出于女孩子的羞涩与矜持，两人都从未向男孩表白，她们也不知道她们爱上了同一个男孩。三人之间的博弈就这样无声无息地展开了。

金桥与蒙蒙就那么苦恋着苦等着，一直默默地爱着男孩，直到一年后的一天，男孩子微笑着向她们同时发出了喜帖。原来这个男孩要结婚了，而新娘不是她们中的任何一个。

在接到喜帖的那一刹那，金桥和蒙蒙都快要疯掉了。经过一番思考，一番博弈，一番挣扎，在男孩举行婚礼的前一天晚上，她们同时给男孩打电话，希望在最后的时刻将心里的苦恋告诉对方。只可惜，电话像捉弄她们一样，无论怎么打，都打不通，电话那头永远是“对不起，对方现在正忙，请稍后再拨”。因为两人同时拨号，所以对方总是占线。

后来，那个男孩还是结婚了，与妻子过起了甜蜜的生活。几年后，男孩与金桥、蒙蒙很巧合地见了面，金桥与蒙蒙不约而同地说出了当年暗恋他的心事，三个人都顿时惊讶了。金桥与蒙蒙惊诧的不是彼此同时爱上了一个男孩，而是惊诧当年男孩竟然同时爱上了她们两人！看来，当年的博弈局面中，绝不止两个女孩在痛苦。

当年的那个男孩，现在已为人父，他笑着对金桥与蒙蒙说：“还好，你们两个当年没有打通我的电话，那样我会很为难。因为，我一直很喜欢你们两个，但是总不知道该向谁表白。我想向金桥表白，但是我同样喜欢蒙蒙。我想向蒙蒙表白，可是我又不愿意放弃金桥。我一直在你们两个之间挣扎着。而且，我不知道我向你们的其中一个表白后，你们能不能接受我。所以，我决定不向你们两个中的任何一个表白，我决定和别的女孩子结婚。”

实际上，这个故事中蕴涵了两层博弈，一是两个女孩之间隐藏着尚未爆发的博弈；一是女孩与男孩之间也存在一种博弈。相信男孩与当时的未婚妻之间也存在博弈。总之，暗恋的博弈是不可思议的，它能一时之间牵扯出很多东西来。它甚至可以用博弈的方法计算出对方接受你的概率来。

我们通过以下一个有趣的博弈小游戏来理解暗恋，你就会发现，它其实很有意思。

我们来引入两个假设：

A，男A喜欢女B。

B，男A不知道女B的心思，即女B可能喜欢，也可能不喜欢。

此时，男A就会面对几种可能的选择：1、打死我也不说。

2、扭扭捏捏，欲言又止。3、豁出去，敢暗恋就敢表白。

于是，男A可能的收益是：1、女B确实喜欢他，皆大欢喜；2、女B不喜欢他，痛苦不言而喻。

列出所有可能结果：

①男A说，我爱你！结果被女B“枪毙”，十分痛苦，甚至以后在女B面前不敢抬头，收益为-10！

②男A说，我爱你！女B爽快地说，不早说，我也是！最终男A十分快乐，从此不再形单影孤，不再当别人的灯。收益为+10！

③男A不说，有打死我也不说的决心！于是只能偷偷写情书，自寻烦恼，借酒消愁，苦问苍天为何年纪轻轻就让其知愁滋味，表现不一而足，但毕竟还存有希望，收益就当居中，为0！

对于博弈的另一方女B而言(其实女B是很无辜的，是被动的，从这个意义上说不能算博弈)，结果为：

①男A说，我爱你！女B说不，但是，可能本来很好的朋友，为此就不再讲话，所以收益为-5;

②男A说，我爱你！女B说好的，同上，收益为+10！

③男A不说，女B也不知晓！还是朋友，与从前别无两样，收益为0。

其收益矩阵可以简写为：

B(喜欢，不喜欢)

A说(10，10)　(-10，-5)

不说(0，0) (0，0)

但从以上来看，这个博弈不存在纯战略意义上的解。

现在，你也觉得暗恋不可思议了吧！能用博弈的方法计算出对方是否接受你的概率，真是比算命先生还要准得多。

鲜花为何插在牛粪上

◆ **关键词：**鲜花　牛粪

◆ **重要概念：**在"鲜花"的心目中，幸福才是最重要的，虽然心里多少会有些遗憾，但是根据她选择伴侣的标准，宁愿要一个爱她的"牛粪"老公，也不要三心二意的"花瓶"做老公。于是，根据这种逻辑，"鲜花插牛粪"的现象就很自然。

◆ **精彩案例：**有趣的三角恋博弈

现实生活中，我们经常听到有人说："一朵鲜花插在牛粪上。"其实，用博弈的眼光来看，鲜花插在牛粪上未必不好。牛粪有充足的养分供给鲜花，且牛粪甘心为鲜花当牛做马，当陪衬。这样的鲜花，岂不是很幸福？

那么，有人会问，难道这就是鲜花选择牛粪的原因吗？其实，这只是其中一个原因。现在，我们不妨用博弈论来分析这种现象是偶然还是必然的结果。

假设有三个人陷入了三角恋，这三人中，小青是一朵"鲜花"，她貌美如花，姿态万千。安瑞是一位"帅哥"，英俊潇洒，有才华。大港是一堆"牛粪"，长得很普通，没有什么才华。表面上，"帅哥"安瑞追到"鲜花"小青的几率会大些，

“牛粪”大港则不大可能得到芳心。但是具体分析下来，也许我们就会改变看法了。

现在的情况是：1.安瑞和大港同时爱上了小青，并且各自展开了追求攻势。2.“帅哥”安瑞在追求“鲜花”小青的同时，也有几个漂亮、聪明的女孩子在追求他。3.“牛粪”大港由于相貌太普通，也没有什么才华，所以没有女孩追求他。

按照上面的情况来看，按理大港对小青的爱一定会死心塌地、至死不渝，因为毕竟没有漂亮女孩追求他，动摇他对小青的感情。那么，我们假定“鲜花”小青内心里是有点喜欢“帅哥”安瑞的，但由于自己美貌，追求她的人多，因此她选择伴侣的标准也就与众不同，既要考虑对方是不是真心爱自己，又要考虑双方在一起会不会长久。因此她会看谁追她更具有耐心，找一个更爱她的人做老公。毕竟她想找的是一个可以托付终生的人做伴侣。这样来理解的话，那么，大港追求到小青的几率似乎会大些。不过是不是这样，还得继续分析。因为根据博弈论的基本原则，参加博弈的每一个人都是十分理性的，正是由于人的理性，选择的方案也当然是最有利于自己的。

我们现在就从博弈的角度出发，分析一下“牛粪”大港与“帅哥”安瑞的局势，情况是这样的：1.“牛粪”大港虽然比起帅哥来，自身条件差些，但是他可以全心全意地去追那朵“鲜花”小青，因为前面已经提到，没有美女追求他，所以他对小青的爱不会受到干扰。而且，如果追到了小青，他的人生就会丰富很多，当然，就算没有追到，他也没有什么损失。2.“帅哥”安瑞对“鲜花”小青的追求受到了干扰，因为在他追“鲜花”小青的时候，也有几个漂亮的姑娘在追他。这样，他就不得不认真分析，如果自己追不到“鲜花”小青，那么结果会对自己很不利，因为追求自己的几个姑娘很可能在中途因为看到他对小青一如既往的爱而放弃攻势。如果追到了小青，那结局也只是遂了自己的意，自己的人生不会受到很大的改变。这样一来，自己追"鲜花"小青的风险要比"牛粪"大港追小青的风险大很多。所以，在这场博弈中，坚持追求小青，显然达不到最大化的利益。

此时，博弈的局面已经拉开，结果即将出现。我们可以清晰地看到，"帅哥"安瑞在追"鲜花"小青的过程中由于受到了干扰，加上对利益的权衡，已经没有"牛粪"大港追求得积极了。而且，对于他这样有才华又长得帅的男人，如果不能找到自己所爱的人做伴侣，那么也一定能找到一个爱他的人做伴侣。也就是说，出于让利益最大化的目的，他在追求小青的时候，很可能还在一心二用，追求别的女孩，或是安抚那些追他的女孩，这样一旦遭到小青的拒绝，就会想到选择别的女孩也不错。

而为了使自己的利益达到最大化，"鲜花"小青心里也有一个判断："牛粪"大港会更爱她，"牛粪"大港能保证她终生幸福，因为他对自己死心塌地，丑点有什么关系，不会在外面拈花惹草。而"帅哥"安瑞则有可能三心二意，不可靠。

如此一来，三人博弈的结果就出来了。在"鲜花"小青的心目中，幸福才是最重要的，虽然放弃了帅哥心里多少会有些遗憾，但是大港更符合她选择伴侣的标准：宁愿要一个爱她的"牛粪"老公，也不要三心二意的"花瓶"做老公。于是，根据这种逻辑，"鲜花插牛粪"的现象就很自然。

实际上，随着物质社会的进步，现在的人们的恋爱观已经发生了很大的转变。一般来说，女人们心目中的好老公，应该既不是花瓶也不是牛粪。他们应该具备以下特征：

B型相貌

好男人应该在帅与不帅之间，属于B型。相貌对于男人来说，既不能像F4那样，搞得像花一样，也不能长得见不得人。

所以，好男人应该是这样的：既不是花瓶王子，也不是牛粪小子。

B型财富

好男人须在富与不富之间。属于B型。俗话说得好，“贫贱夫妻百事哀”，美好的爱情经不起贫穷的拷打。当然了，也经不起纸醉金迷。

所以，好男人应该是这样的：既要衣食无忧，又不能富得流油。

B型才干

好男人须在才与不才之间。女人都会不自觉地被有才华的男人所吸引。但是太有才的男人往往很难和你这样的小女人有共同话题，可是太不才的男人，却肯定愚钝。

所以，好男人应该是这样的：既不是二百五，也不是姜丞相。

B型风流

男人不可太风流，也不可不风流。好男人应该是B型风流。太风流的男人容易拈花惹草，太老实巴交的男人没有生活情趣。

所以，好男人应该是这样的：既不是西门庆、唐伯虎，也不是武大郎和沙悟净。

B型口才

男人不能太会说，也不能不会说。好男人应该是B型口才。太会说的男人，你会吃很多口水，对身心健康不利。嘴笨的男人，会让你的生活暗淡无趣。

所以，好男人既不是结巴，也不是辩论专家。

因此，按照博弈学的角度，如果男人要找好老婆，应该找那种温柔贤惠、不强势同时又不失风趣的女人。而女人要找老公，就应该找B型男人，他既不是花瓶，也不是牛粪。

不要早早地定终身

◆ **关键词：** 剩男 剩女

◆ **重要概念：** 根据博弈策略，我们可以这样推算，若一个人在20~30岁之间选择结婚对象，而这20位人选以每年两位的平均分布出现，那么你在24岁才开始认真考虑终身大事比较合适。

◆ **精彩案例：** 张强的烦恼

现实生活中，几乎每个人都渴望得到全世界最好的恋人。但是，这种可能性大吗？实际上，只要你将衡量全世界最好的恋人的标准降低一些，你就很可能得到梦寐以求的恋人了。也只有这样，才会减少社会上剩男剩女的数量。

要想得到全世界最好的恋人，我们就应该先了解全世界最不受欢迎的恋人。

以男性来说，一般来讲，最不受欢迎的男性恋人，便是那种邋遢、没有气节、婆婆妈妈的男人。调查显示，此类男性会将一个活泼可爱、精明能干的女子逼疯。而最不受欢迎的女性恋人，就是那些高学历、高资历女人，这种女人高傲惯了，像一只天鹅一样抬头挺胸，根本不把一般的男人看在眼里，但是优秀的男人又不愿意与她们成为恋人。

了解到这些基本信息，我们就来用博弈论的知识推测一下，得到最好的恋人的可能性怎样才能最大化。

我们先来做一个假设：1.你是一个男孩，你注定会在20~30岁期间遇到20位适合你的女孩。这些女孩都愿意成为你的伴侣，但你只能选择其中的一位。2.对你而言，这20位女孩犹如宝物一样是有质量区分的，并且质量是可以排序的，简而言之，事后你可以对她们的质量排名，排名第一的对你而言就是最好的，排名第二十的对你来说就是最差的。3.一定要注意，这20位女孩不会同时出现在你的生命中，而是按时间顺序先后出现，每出现一个你都要决定是选择她还是放弃她。4.如果选择她，她就会成为你的伴侣，这样一来，你就不会再有机会选择后面的女孩；如果放弃她，那你就还可以选择后面的女孩，但你并不确定后面的女孩是不是会比前面的好，万一后面的女孩不如前面的优秀，或是很糟糕，那你会后悔莫及，甚至遗憾终生。5.虽然这20位女孩的排名可以在事后确定，但是在碰到并观察完20位女孩之前，你并不知道全部女孩的排名，你只知道已经观察过的女孩中谁比谁更好，而还没有碰到或观察的女孩，你对她们的排名一无所知。

那么，问题就出现了：你应该在什么时候决定选择一位女孩，并且使得被选择的那位女孩属于最好女孩的概率最大呢？这的确是个比较头疼的博弈问题，需要更加理性地分析。

当然，有时候，赌运也是博弈的方式。你完全可以采取抓阄儿的方式，来任意选定一位女孩。不过要记住，如果你这样做，那么你获得最好的女孩的可能性只有5%，显然，这一概率比较小，你一定很难接受。

如果不选择抓阄儿，还有什么博弈策略吗？当然还有，你可以把全部的女孩从整体上来分成前后两段——前10位，后10

位。在最先出现的10位女孩中，你一位都不选择，不过要了解清楚这10位女孩的质量，并把这10位女孩中最好的女孩作为判断标准。之后，在后来出现的10位女孩当中，选择第一次碰到的比以前那个最好的女孩还要好的女孩，那么，到这里，前10位女孩中最好的那位就成为了第二好的女孩。

其实，在上面这个策略中，你得到最好女孩的概率似乎是(10/20)×(10/19)=0.263=26.3%。相比之前的5%，这个概率已经不算太小。不过，这个概率可能并不精确，因为这仅限于第二好的女孩刚好出现在前10位的情况；实际上，即便是第二好的女孩没有出现在先前的10位，但只要在最好的女孩出现之前，前10位女孩中有一个是目前为止最优秀的，那么你也可以灵活地选择她。所以，该策略获得最好女孩的概率实际上是超过26.3%的。

除了以上两种博弈策略外，还有一种策略。我们假设一个人在20~30岁之间选择结婚对象，而这20位女孩的出现方式为每年两位，那么这个人在24岁才开始认真考虑终身大事比较合适。相信看完下边的例子，你就知道我为什么会这么说。

张强在20岁的时候，认识了一个叫作琳琳的女孩。琳琳善良、热情。在认识一段时间后，张强就主动追求起琳琳来。那个时候，张强一贫如洗，琳琳肯答应他的追求让他很感动。尽管琳琳并不是很漂亮，但很善解人意，这对张强来说，已经足够了。3年后，张强做生意赚了不少钱，而且也遇到了不少女孩，但是张强认为，琳琳才是与自己同甘共苦的人，因此从来不曾背叛琳琳，张强本以为会和琳琳这样快乐地生活下去。

可是在张强24岁的时候，却遇到了一个让他惊心动魄的美丽女孩。当他第一眼见到她的时候，就有一种莫名的好感和迷恋。他相信，那就是传说中的一见钟情。经过观察和交往，张强对这个女孩的好感越发强烈，他发现这个女孩不仅漂亮，还善良、温顺，正是自己梦寐以求的情人类型。而且，女孩对张强也十分有好感，尽管知道张强已婚，还是近乎主动地提出要做张强的情人。

张强的内心一边惊喜，却又一边恐惧。他惊喜的是好不容易碰到的梦中情人竟然对自己有意思，这是八辈子修来的福分；恐惧的是万一琳琳知道了他与这个女孩的事情，那后果不堪设想。张强越来越矛盾，他想着如果接受了这个女孩，那意味着对琳琳是一种背叛，琳琳为他吃了很多苦，这样对她，太不公平，良心一辈子会受到谴责。可是如果不接受这个女孩，自己心里又会很遗憾，很伤心。因为他发现，自己真的爱上了这个女孩而且这份爱与日俱增。

直至现在，张强还在爱与不爱的博弈中挣扎着，他说得最多的一句话就是："早知道我不那么着急恋爱，更不那么着急结婚。"

通过以上博弈的例子，我们不难看出，早早地给自己定终身，多半都不会遇到最完美的恋人。而如果迟迟不把自己"推销"出去，等到成为"剩男"、"剩女"，那时，即便是想找一个次完美的情人，可能都难了。按照博弈论来理解，最佳的择偶年龄应该是24岁开始。而对于第一次约会，就算碰到的这个人真的很优秀，你也要忍痛割爱，因为你不知道在所有人当中，他到底处在什么位置。

承诺和报复是最不明智的博弈

◆ **关键词：** 承诺 报复

◆ **重要概念：** 爱情最不应该报复，即使你受伤再深。因为，报复只会加深伤口的疼痛。而为了避免这一切，不能确定一定能做到的，就应该尽量不去承诺。

◆ **精彩案例：** 两个女人的报复

如果我们用博弈理论来看待爱情，就会发现它特别容易陷入困境，在爱情中常有这样一种情况：一方承诺另一方，结果承诺没有兑现，遭到另一方的报复。实际上，爱情最不应该报复，即使你受伤再深。因为，报复只会加深伤口的疼痛。而为了避免这一切，不能确定一定能做到的，就应该尽量不去承诺。

一般情况下，在男女恋爱的博弈中，女人的报复行动要多于男人。有些女人很不明智，她们以为报复与自残就可以挽回一段爱情。记得张小娴的作品里有这样两段精辟的描写："男朋友在外面有女人，于是，她也出去找男人。然而，两者的分别却是男朋友找自己喜欢的女人，她却去找自己不喜欢的男人。她为了挽回一段爱情，竟去跟一个自己不爱的男人睡觉。她的男人并没有因此而回到她身边。他反而走得更远。到头来，她什么也得不到。”

“女人不满丈夫婚后每晚都出去应酬，把她一个人留在家里。她决定采取一连串报复行动。他出去应酬，她也出去找节目，而且要比他更晚才回家。可是，她快乐吗？她比以前更难受。她的报复，不但伤害了自己，也伤害了夫妻感情。”

的确，女人的报复太傻太笨，在男人与女人的博弈中，承诺与报复都是最糟糕的策略。正如张小娴所说：“选择报复，就是放弃沟通。当你决定报复，你是跟他各朝相反方向走。既然如此，你以为你和他还能够在路上碰头吗？”

但凡善于承诺的男人，都擅长背叛。但凡善于报复的女人，都很容易伤心。

曾经有一个女人抱怨，说自己和老公认识的时候，他还身无分文，穷得叮当响。那时，老公对她承诺，要爱她一辈子，一心一意！为了他的这个承诺，她冲破了来自家庭、朋友的重重阻拦，毅然选择与他结婚。本来以为两个人可以幸福地生活一辈子，可是最近她却发现，老公变了，变得早已经忘记了当初的承诺。事业初成的他，不仅有了情人，还在外叫应召女郎，显然，他已经全然将当初爱她一辈子的承诺忘得一干二净。为了保住婚姻，女人一忍再忍。直到有一次，趁老公心情很好的时候，女人心平气和地告诉他，她已经知道了真相，现在只想听听老公的解释。不料，老公竟然没有任何悔意地说：“我没有什么好跟你解释的，我事业上压力很大，你帮不了我，但我的情人能帮我。我是在找一些女人出去兜风、开房，因为我的精神需要。但是我们现在还生活在一起，我们没有离婚，所以我并不认为我背叛了你，伤害了你！”

男人的话让女人很受打击，她痛苦过，也后悔过。可是抱怨有什么用，老公还是一样的不尊重自己。

不多久，人们就发现当初抱怨老公不忠的这个女人穿上了囚衣，因为她不仅杀死了老公的情人，还亲手毒死了老公。

这个女人值得同情吗？她的老公值得可怜吗？我认为都不值得，因为承诺和报复都是最不明智的。

还有这样一个例子。一个女孩与一个男孩相爱，男孩对她海誓山盟，许下诺言："无论世界怎么改变，山无陵，天地合，我爱你的心都不会改变！今生今世，我只和你一个人在一起！"男人发着誓，一双深情的眼睛看着女孩清澈的眸子，那一刻，男孩竟然流下了激动的泪水，那么真实和透明。而女孩也流下了两行热泪，她更加坚定了与男孩相伴的决心。

接下来，小说里常见的情节就出现了。为了在一起，他们冲破了重重阻碍，男孩因为要和女孩在一起而拒绝了母亲物色的好姑娘，搞的和母亲好久都不说话。而女孩也牺牲了很多。她甚至因为要和男友在一起而惹怒了父亲，至今父亲一提到她就老泪纵横。

按理两人应该更加珍惜这段来之不易的感情，可是两年后，女孩发现男孩两次三番地与别的女人约会、鬼混。前两次，女孩都忍着不说，只是旁敲侧击了一番，希望男孩主动来认错，毕竟两人的结合来之不易。只可惜男孩不仅没有主动坦白认错，反而还继续和那个女人鬼混，第三次的时候，女孩终于忍无可忍提出了分手。一听到女孩要和自己分手，男孩的心里也一惊，毕竟他也是爱女孩的，至少当初是。

他心里想着，女孩是迄今为止他见到的最适合他也最能容忍他的女人，万一真的分手了，别的女人和自己相处一段时间后又和自己分手，那自己岂不是两手空空？这时，男孩迅速地做了决定，这场博弈，自己必须是赢家！他"扑通"一声跪地，请求女孩的原谅。男孩说："我一直是爱你的，但是我被她勾引了，才犯了错误。你若是原谅我，我们继续在一起生活，我保证以后再也不敢了。”念在往日旧情，女孩也动摇了分手的决心。可是接下来男孩的话，让她打消了这个念头。

男孩说道：“其实你的好友兰兰的老公也在外面‘乱来’的，兰兰没发现是因为他会说谎、会掩饰。我这人啊，就是太诚实，太爱你了。要是我做得隐蔽，你连一点线索也找不到。我是多么地爱你啊，你就再给我一次机会吧。再说你离开了我，又能跟谁在一起呢？且不说你能不能遇到一个真正好的男人，就是遇到了，他还会不会选择你这种分过手的呢！”他说到后边两句时，几乎觉得自己就是天底下最好的男人，那种扬扬得意的神态，让女孩厌恶极了。

女孩最终选择了分手，虽然有过一段时间的伤心，但是很快就调整过来，她不断通过学习来充实自己，修炼自己，而且还经常去健身房锻炼身体，从内到外修炼自己的魅力。不多久，她就寻找到了美好的爱情，过上了幸福的生活。

看着女友一天一天的变化，那位无耻的男友也逐渐被感化。他开始反思自己的行为，同时也担心女友将来会与别人结婚，要知道，女友现在有不少追求者。想来想去，这个男人竟然买了一大束玫瑰，重新追求起自己的女友来。只可惜，往日的女友早已经成为了别人的恋人。

上面两个例子中的女人，对于恋人如此明目张胆地伤害自己，选择了不同的博弈策略去对待，结果各自得到的利益也就有很大的差别。前者几乎无利可谈，后者利益达到最大化。

实际上，很多情况下，不理智博弈的结果往往是最坏的。就如同例子中那个杀老公的女人，结局其实是很凄惨的。

那为什么有人明知道不明智博弈会出现糟糕的结局却还要那般去做呢？其实，恋人之间的博弈和困境中的囚徒博弈很类似。就好比天各一方的恋人，他们彼此就像被隔离审查的囚徒一样，只不过没有被关在两间牢房，而是相距甚远。按照使自己利益最大化的博弈原则，他们除了违背誓言外，没有更好的选择。所以，如果他们要想成为恋爱博弈中最大赢家，就要不遵守爱的诺言，就要背叛，只有这样，才能最终走出“囚徒困境”。虽然这样的结果会让很多人不满，但这就是博弈，博弈的目的就是使自己的利益达到最大化，这本就是自私的。除非双方都遇到了最真诚的爱人，最真挚的爱情，最无私的爱。但这种结果，出现的概率太低太低了。

那么，究竟要怎样才能获得幸福爱情呢？其实，获得幸福爱情并不是不可能，一种是前面讲到的运气太好，遇到了真爱。另一种，就需要在恋爱的博弈中，做到以下几点：

1.善意对待恋人。也可以理解为善解人意，一定不要让恋人觉得自己是个负担，是个管家。而要体贴对方，让他读懂自己的爱。

2.宽容地对待恋人。宽容，并不是纵容。你可以原谅他偶尔或因为特殊原因犯下的错误，但绝不能纵容他继续犯下去。要知道幸福的恋人可能并不是最忠诚的，但他们能够生活得愉快，彼此宽容，这就够了。

3.必要时候，强硬地对待恋人。这里并不是一报还一报，以牙还牙，以其人之道，还治其人之身。否则和拿刀杀人、下毒杀人没有什么区别。这里要注意的是，要在爱对方的前提下，回报对方给自己的爱，拒绝对方给自己的痛。绝不能允许对方不尊重自己，随性不忠。

4.要简单、直接地对待恋人。在博弈的过程中，过分复杂的策略容易使对方难以理解，产生无所适从的感觉，而且，还会给双方造成思想、物质上的负担，或者是起到越描越黑的反作用。所以，简单、直接、坦诚地对待恋人，往往是制胜的关键。

5.少给点承诺吧，如果你做不到。前面已经讲过很多关于背叛诺言的例子，这里不用再多讲。

6.要愉快、乐观地面对恋人，切忌报复。报复是愚蠢的博弈策略，它会导致最糟糕的结果。

谁是与你相伴一生的人

◆ **关键词：** 爱情博弈

◆ **重要概念：** 现实生活中，男女的爱情博弈应该是这样的：男人要找一个乐观、和自己在一起充满幸福感的女人；而女人应找一个令人羡慕、同时令自己敬佩的男人。

◆ **精彩案例：** 语欢、小姚不同的结局

在爱情的选择上，我们都希望找到最好的那一个作为相伴一生的人。但是，什么样的人才是与自己相伴一生的人呢？

博弈论学者认为：当一个男人身边有很多异性的时候，女人们对他的评价是“型男”；但当他的身边没有什么异性时，女人给他的评价就是一般般。当女人浑身流露出幸福感时，男人对她的评价是举世无双、倾国倾城；但当女人露出怨妇的愤恨时，男人对她的评价则是“恐龙”。实际上，恋爱的最终目的是彼此幸福快乐，因此找谁来陪你度过一生其实并不难，谁让你感觉生活美好、幸福，就是谁了。

现实生活中，男女的爱情博弈应该是这样的：男人要找一个乐观、和自己在一起充满幸福感的女人；而女人应找一个令人羡慕、同时令自己敬佩的男人。

多数情况下，女性对男性魅力的判断，往往不是根据男人

的才能和长相，而是根据同伴对这个男人的反应与评价来做出判断。这就是典型的从众心理。而男人对女性的判断，也并不主要看女性的外表与才华，而主要是看女性是否自信乐观，当然我想每个男人都不希望自己的老婆是“恐龙”。

语欢是典型的贤良“煮”妇，当初老公娶她，多半是因为她的温柔善良和知书达理，当然，也可能是因为她的一手好厨艺。俗话说得好，女人抓住了老公的胃，就成功了一半。

只可惜，语欢的这种善良品德似乎太过火了，以至于给老公造成了不小的思想负担。正所谓物极必反，语欢的善良越来越让老公心惊胆战。究竟是怎么一回事呢？我们来看一下语欢过分善良是怎么一回事吧。

老公被派驻外省工作半年，语欢毫不犹豫，为了照顾老公的生活起居，竟然辞掉了工作，跟着老公一起去了外省。虽然老公劝她说：“我不过才去半年，你放弃那么好的工作陪在我身边照顾我，实在不值得，我们有不少假期，还是有很多见面机会的，你就不要去了。”但语欢却以不忍心让老公孤身在外，而且担心两地分居后，夫妻感情会生变为理由，执意前往。老公想着夫妻两地分居可能会对感情有影响，因此最后也不劝阻了。

本来语欢的做法无可厚非，不过她逢人就讲自己的贤惠很让人受不了。由于到了异地，暂时不好找工作，老公上班期间，语欢的生活很单调，除了上网看电视，就是找一些小区里的朋友聊天。说起聊天，语欢显得像个祥林嫂，她总是说：“我本来有一个不错的工作，薪水也高，但是为了照顾老公，我辞掉了工作，虽然有点遗憾，但是总觉得很值得。”渐渐地，人们就发现，语欢逢人就讲这些话，有时小区里的人见到了她老公，也不免提起：“你们家语欢真是好老婆啊。”起初老公以为这是羡慕他们的话，后来知道了真相，就逐渐不耐烦了。

实际上，语欢一直认为女人只有放弃自己的所有，寸步不离地陪在老公身边，才能抓住老公的真心，防止老公出轨。有了这种想法以后，每当与老公有点小矛盾闹别扭时，语欢就会哭诉着："我为了你，辞了职千里迢迢跑过来，现在连工作都没有了。你却这样对我！"起初，她这样一哭诉，老公就会心软，就会来哄她。可是，次数一多，老公也烦了，有时候还会冲她发火，对她吼道："你是祥林嫂吗？"

就这样，两人的日子越过越不快乐。其实，语欢的贤惠和善良是对的，但是不能太过分太唠叨了，否则好事都变成了坏事。她忘记了恋爱博弈中很重要的一个策略：简单、直接地面对恋人。

与语欢相比，小姚却不同。她没有为老公放弃过任何东西，更没有像个祥林嫂一样，动不动就把自己的付出放在嘴边。小姚曾经笑着对朋友说："如果硬要我说为了老公放弃了什么的话，那就是当初因为早早选择了他而放弃了后面更优秀的男人。"平时夫妻俩之间有什么不快，小姚都会乐观地对待，简单直接且坦诚地与老公谈话。不多日，两人也都互相原谅了对方。

而且，小姚是个很自信的人，她从不担心老公会爱上别的女人。她会为了自己的利益任意挥霍老公的钱，大方地花钱去美容，去购物，把自己打扮得很有魅力。别看小姚会花钱，但是她又很会赚钱，虽然自己是个全职太太，但是也经常兼职做一些时尚专栏的作者，偶尔还会出一本书呢。最主要的是，她很会理财，能精明地打理自己的小金库，所以每次遇上过节或者特别的日子，她都会精心策划一场庆祝的节目，送上精美的礼物给老公，让老公惊喜不已。

可见，在现实与爱情的博弈中，无论你选择了什么，都不应该放弃自己的事业和追求，即便要做一个全职太太，也应该有所追求，积极参加社会活动，切勿被外界隔绝成一个怨妇。要知道，假如老公看你不幸福，他也不幸福，假如两个人都不幸福，又有什么必要在一起呢？

从上面的例子可以看出，在我们面对选择时，往往无法预料结果的最优，而只能在决策过程中实现最优化，只要你的策略合理，结果当然也不会差。那么，究竟用什么策略才能找合适的伴侣呢？

现在，假设你是一个决定要结婚的人，但还没有找到最好的对象，而此时，在你身边的社交圈里有一百个合适的单身对象都有意要追求你，现在你要从他（她）们当中挑选最好的一位作为你的结婚对象，怎么做才能得到最好的结果呢？怎样才能找到概率最大化的理想对象呢？

首先，不要去选择外表太美的，这样的人没有安全感，而且多是空心花瓶，简直可以用“中看不中用”来形容。

其次，你可以与每人约会一次，看一下对方是否适合你。但是要切记，当遇到第一个就很优秀的对象时，千万不要着急下结论，因为难免以后的人更加优秀。大概在约会到一半的时候，你心中应该已经有谱了：跟谁在一起才最幸福，跟谁在一起没有压力？谁让你能够笑着面对一切，谁能让你每天有足够的时间和精力打扮自己？如果能判断好这些，那么，一旦出现了这样一个人，终身伴侣基本上就是他（她）了。

九 做一个耐心的垂钓者
——成功与博弈

阅读指南：

一个人，一个企业，要想获取最大的投资回报，就应该长线博弈。

成功属于自信与坚持的人，只要你握住手中的鱼竿不放，耐心地等待，坚信一定会有大鱼上钩，就定能如愿以偿。

当我们陷入斗鸡博弈中时，及时抽身，可能会有所损失，但获取的利益肯定会远远大于继续在斗鸡博弈中死磕。

博弈过程中，千万不要过早地将自己的底牌亮出去，因为这样做，你很有可能会在以后的交战中失败。

在对局博弈中固然要强硬，由此而获胜也是有胆有识的表现，但这其实并不算是最上策，正像孙子所说，只有“不战而屈人之兵”才是最上策。

在没有摸清对方的实力以及其他信息时，我们最好沉住气，或是敲山震虎，等对方先行动或露出马脚，然后摸清对手的底细，后发制人，一举拿下对方，将博弈利益最大化。

博弈过程本来就不过是一种日常现象。只要我们懂得如何运用它，在遇到困境的时候，就一定能找到突破口，从而脱颖而出，迈向成功。

做一个耐心的垂钓者

◆ **关键词：**眼光　耐性

◆ **重要概念：**一个人，一个企业，要想获取最大的投资回报，就应该长线博弈。

◆ **精彩案例：**姜子牙垂钓　吕不韦“投注”子楚

从博弈的角度来看，成功是需要超长的耐心的。因为在博弈的过程中，你会遇到各种各样的阻碍，你也需要精心巧布各种局，扫清成功路上的障碍。

这就不得不让人想起姜子牙，他钓鱼的耐心是一般人不能比的。

当时，正是殷商王朝走向衰亡的时期。纣王暴虐无道，荒淫无度，朝政腐败，社会黑暗，民不聊生，怨声载道。而西部的周国由于西伯姬昌(后为周文王)倡行仁政，发展经济，实行勤俭立国和裕民政策，社会清明，国势日强，深得人心。姜子牙得知姬昌为了治国兴邦，正在广求天下贤能之士，便来到渭水之滨的西周领地，栖身于磻溪，整天拿着一根拴着直鱼钩的鱼竿钓鱼，而且一坐就是一整天，不发一语，似乎在等什么人。

一天，有个打柴的人来到溪边，见姜子牙如此钓鱼，便对他说：“老先生，像你这样钓鱼，100年也钓不到一条鱼啊！”

姜子牙举了举钓竿，对打柴人说：“小哥儿，我对你说实话吧！我不是为了钓到鱼，而是为了钓到王与侯！”

过了好一段时间，姜子牙钓鱼的事情终于传到了姬昌那里。姬昌知道后，派一名士兵去叫他来。但姜子牙并不理睬这个士兵，只顾自己钓鱼，并自言自语道：“钓啊，钓啊，鱼儿不上钩，虾儿来胡闹！”士兵走后，姜子牙依然静静地等待着。后来，终于等到了姬昌亲自前来请他出山。从此，英雄有了用武之地。

可见，但凡成就大事的人，无不具备超强的耐心，很多时候，与对手博弈，博的就是耐心。

吕不韦出生在卫国的阳翟(今河南禹州)，长大后成为一个小有积蓄的商人。在中国古代，士农工商，等级森严，商人地位最低。吕不韦很希望光耀门楣，争取政治地位，他知道，改变现状的途径要在社会现有的机制内寻找。就像钓鱼一样，他选择了子楚，把他当作可以创造巨大价值的“大鱼”。

接下来，吕不韦花了很长一段时间来接近子楚，博得他的好感。尽管当时子楚是秦国派到赵国做人质的一个王子，并不受父皇宠爱，但吕不韦还是看好了他，并在他的身上下了常人不敢想象的功夫。

吕不韦通过种种手段，很快就和子楚打得火热。他对子楚说：“我能让您富甲天下贵为国君。”子楚听到这，苦笑着说：“这怎么可能呢？我是一个人质，连逃离赵国都做不到。”

吕不韦神秘地笑了笑，把子楚带到自己的府上。进了密室，吕不韦对子楚说：“昭襄王老了，安国君如今又是太子。我听说安国君最宠爱的华阳夫人膝下无子，因此，华阳夫人当推举继承人。而您兄弟姊妹20余人，您排行居中，且长年在赵国做人质，所以很难被安国君重视。如此看来，即使昭襄王死后，安国君得立为秦王，您也没有多少把握和长兄及诸公子争得太子之位。”

子楚听后，觉得有理，开始请教吕不韦如何是好。这时候，吕不韦竟然阔绰地出钱去帮子楚铺路，让安国君及华阳夫人立子楚为继承人。之后吕不韦又开始积极游说秦国的决策层，以及去巴结华阳夫人，举荐子楚。

终于，吕不韦长期苦心的放长线钓大鱼成功了。他一手操作使走投无路的子楚当上了秦国的君王，而自己也成了宰相，显赫一时。

实际上，一个人，要想获取最大的投资回报，就应该像吕不韦一样，进行长线博弈。尤其是现在的社会，一个人、一个企业要想成功，没有进行长线博弈的耐心，恐怕也是不行的。

什么是博弈的关键，这就是——为了达到目的而不怕吃苦受累的毅力以及敢于放长线的眼光与韧性。

成功属于自信与坚持的人

◆ **关键词：** 自信

◆ **重要概念：** 成功属于自信与坚持的人，只要你握住手中的鱼竿不放，耐心地等待，坚信一定会有大鱼上钩，就定能如愿以偿。

◆ **精彩案例：** 学生的自信心　亨利·福特的八缸引擎

我们在进行长线博弈的过程中，往往会遇到各种各样的打击和困难，如果不够自信、不够坚持，很可能会半途而废、损失惨重。实际上，成功属于自信与坚持的人，只要你握住手中的鱼竿不放，耐心地等待，坚信一定会有大鱼上钩，就定能如愿以偿。

有一个准备参加奥林匹克竞赛的同学每天的家庭作业是两道数学题，老师要求第二天早上交。

这天，这个学生回家后，才发现教师今天给了他三道题，而且最后一道似乎有些难度。从前每天两道题，他都很顺利地完成了，从未出现过任何差错。学生想，早该增加点分量了。

他很轻松地完成前面的两道题，可是，第三道题好像不是那么容易。做了很长时间，题目仍然无果，夜深了，他在想着是不是放弃。但是转念一想，如果放弃就是前功尽弃，自己早就想做一些有难度的题目了，现在这样的题目来了，为什么要放弃呢？

他的内心进行着紧张的博弈，最终，他又重新树立起信心，以志在必得的信心投入到解题的思路中……

天亮时分，他终于把这道题做完了。但他还是感到一些内疚和自责，认为辜负了老师的期望——这道题竟然做了一夜。

谁知，当他把这三道已解的题一并交给老师时，老师惊呆了。原来，最后那道竟是一道在数学界流传百年而无人能解的难题。老师把它抄在纸上，也只是出于好奇心。

结果，这个学生却在不明实情的情况下，意外地把它给解决了。

这个学生之所以能够取得成功，就在于他的自信，在于他的不知情，因此他没有心理障碍和思想包袱，他认为只有把这道题解决了，才算正常。在这种良好的心理状态下，他可以冷静而充满信心地去进行思考，结果取得了始料未及的成功。可见，成功是属于自信与坚持的人的。

不仅是在学习的过程要有信心，在商业领域，也需要自信。洛克菲勒曾经说过："想在商业领域获得成功，第一要诀就是耐心与信心"。

亨利·福特是一位非常了不起的人。他长线博弈数十年，直到40岁时，生意才获得成功。他没有受过多少正规的教育。在建立了他的事业王国之后，他的目光转向了制造八缸引擎。要知道，这又是一个无法预期的长期过程。他把设计人员召集到一起说："先生们，我需要你们造一个八缸引擎。"这些聪明的、受过良好教育的工程师们深谙数学、物理、工程学，他们知道什么是可做的，什么是行不通的。他们以一种宽容的态度看着福特，好似在说："让我们迁就一下这位老人吧，怎么说他都是我们的老板嘛。"

他们非常耐心地向福特解释说八缸引擎从经济方面考虑是多么不合适，并解释了为什么不合适。福特对此并不听取，只是一味强调：“先生们，我必须拥有八缸引擎——请你们造一个。”

工程师们心不在焉地干了一段时间后向福特汇报：“我们越来越觉得造八缸引擎是不可能的事了。”然而，福特先生可不是轻易被说服的人，他坚持说：“先生们，我必须有一个八缸引擎——让我们加快速度去做吧。”于是，工程师们再次行动了。这次，他们比以前工作努力一些了。时间花得多了，也投入了更多的资金。但他们对福特的汇报与上次一样：“先生，八缸引擎的制造完全不可能。”

然而对于福特，在这位用装配线、每天5美元薪水、T型与A型改良了工业的人的字典里，根本不存在“不可能”这样的字眼。亨利·福特炯炯有神地注视大家说：“先生们，你们不了解，我必须有八缸引擎，你们要为我做一个，现在就做吧。”

最终他们制造出了八缸引擎。

因此，只要自信，就一定能够成功！而如果对你自己的力量没有最起码的、适度的信心；你是根本不可能获得成功或快乐的。

然而，在现实当中，许多人对自己“信心不足”。一位作家指出，世界上有三分之二的人营养不良，差别只是程度不同。同样，世界上也有三分之二的人信心不足，也只是有着程度的不同。营养不良，使人的身体无法正常发育；信心不足，则使人无法发挥自己的潜能。正是由于这种生活态度非常重要，因此，一个人想要发挥自己内在的潜力，获得成功，首先必须充分地相信自己。

自信心就像能力的催化剂一样，它可以将人的一切潜能全部调动起来，将各部分的功能推进到最佳状态。在许多成功者的身上，我们都可以看到超凡的自信心所起到的巨大作用。这些事业取得成功的人，在自信心的驱使下，敢于对自己提出更高的要求，并在失败的时候看到希望，最终获得成功。

纵观古今中外历史上众多的成功者，你会发现，许多人开始时甚至比你起步的条件更糟，但他们都取得了成功。原因是他们在博弈过程中自信心十足，有强烈的成功愿望。

林肯认为："一个人决定实现某种幸福，他就一定会得到这种幸福。"也就是说，成功的条件只需要有一个，你就注定有成功的希望，它就是：你希望成功，并始终相信自己会成功，永远都不停止努力！

塞缪尔·斯迈尔斯发现许多人在一些细微的地方总是费尽心思，但却没有远大的目标。这种目光短浅的人，在生活中远不如有雄才大志者有竞争力。

当我们考虑成功的时候，不会以大学学位、家庭背景及其他情况为标准，我们是以思想的远大与渺小为准绳，我们思想的尺寸将决定成功的大小。现在，让我们来看看，怎样才能使我们的思想趋向远大。

你是否问过自己："我最大的弱点是什么？"也许，人类最大的弱点便是自我贬值——自己瞧不起自己。自我贬值的表现有很多种。比如说：某人在报纸上看到一个招聘广告，那正是他朝思暮想的位置。但是，他想："我不够格干这事，为什么要去自寻烦恼？"或者想与喜欢的姑娘约会，但不敢打电话给她，因为他觉得自己配不上她。自古以来，哲学家们给我们一个极重要的忠告：认识你自己！但是大部分人仅仅把这一劝告理解成是了解消极的自我。他们过多地看到自己的错误、短处和无能。

在博弈中，知道自己的不足是一件好事，因为我们每个人都不是十全十美的。但是，如果我们仅仅知道我们消极的一面，情况就很糟了。这就会使我们觉得，我们的生活价值不大。

下面是几个帮助衡量你真正价值的博弈策略：

首先，了解你5个主要的长处。请几个朋友客观地来帮助寻找优点，他们将给予你真实的看法(最常见的优点多与教育、经验、技术、长相、和谐的家庭生活、态度、性格和主动性等有关)。

其次，在每个优点之下，写下3个人的名字，而这3个都是你认识的，已取得较大成功的人；但在这几个方面，他们却不如你做得好。

当你结束这一练习时，你会发现你至少在某个方面超越了许多成功者。

你会得出这样一个结论：你比你想象中的自我要伟大得多。为此，让你的思想跟上真正的你；再不要瞧不起你自己！

最后，把自己当作世界上非常重要的人。认清你自己的重要性。你应该明白，当你认为自己是世界上重要的人时，那并不代表自大。

当你每天不断地尝试、努力，不断进行着各种博弈的时候，一定要加强你的自信，加强你的耐心，加强你对长线博弈的毅力。

小损失获取大利益

◆ **关键词：**斗鸡博弈

◆ **重要概念：**当我们陷入斗鸡博弈中时，及时抽身，可能会有所损失，但获取的利益肯定会远远大于继续在斗鸡博弈中死磕。

◆ **精彩案例：**失恋的玛丽亚　休学的汤姆

前面提到过斗鸡博弈，在斗鸡博弈中，当双方实力相当的时候，要猜测对手做出什么选择，自己选择最佳策略维护自己的利益。其实，斗鸡博弈如果按照博弈原理，双方应该是合则两利，分则两害。但在历史上，斗鸡博弈双方往往是两败俱伤或者一方吞并另一方的结局居多。甚至如果双方都不遵守博弈规则，极有可能导致同归于尽的结局。这是斗鸡博弈最悲惨的结局。

其实，当我们陷入斗鸡博弈中时，及时抽身，可能会有所损失，但获取的利益肯定会远远大于继续在斗鸡博弈中死磕。

人生在世，有得有失，有盈有亏。有人说得好：你得到了名人的声誉或高贵的权力，同时就失去了做普通人的自由；你得到了巨额财产，同时就失去了眼前奋斗的目标。实际上，有时候失去一些东西，反而会得到更大的收获。而这恰恰是博弈的常规。

如果我们每个人都能够认真地思考一下自己的得与失，就会发现，我们所经历的每件事都是得失并存，在得到的过程中也确实不同程度地经历了失去。人的一生就是一个不断得失的进程。一个不懂得什么时候该失去什么的人，是可悲的，一个不知道失去也可以有更大收获的人是失败的。

少女时代的玛丽亚天真烂漫，好学上进。然而当她中学毕业后，因家境贫寒无钱去巴黎上大学，无奈只得放弃学业，到一个贵族家里去当家庭教师。她与这家贵族的大儿子卡西密尔相爱了，在他俩计划结婚时，却遭到了卡西密尔父母的强烈反对。他们深知玛丽亚生性聪明、品德端正。但是，他们觉得一个贫贱的女教师与贵族家庭根本就不是门当户对。卡西密尔的父亲大发雷霆，母亲则几乎晕了过去，最后卡西密尔屈从了父母的意志。

失恋的痛苦折磨着玛丽亚，她曾发疯似的要求卡西密尔继续和自己在一起，也有过自杀殉情的念头。痛苦的博弈，让玛丽亚疲惫不堪，不知道路在何方。幸好，玛丽亚还热爱科学和亲人。在亲人的鼓励下，她终于放下情缘，退出了这场斗鸡博弈般的困境，刻苦自学，并帮助当地贫苦农民的孩子学习。漫长的三年过去，她再次与卡西密尔进行了最后一次谈话，无奈卡西密尔还是那样优柔寡断，在这种情况下，她终于砍断了这根爱恋的绳索，去巴黎求学。在巴黎她不但学到了精深的化学知识，更遇到了相爱一生的伴侣。

那一次“幸运的失恋”，却使玛丽亚得到了更大的收获，不仅获得了更好的爱情，还获得了在科学界的无比荣耀。因为当年那个失恋的玛丽亚就是全世界最伟大的女科学家——居里夫人。

可见，生活中，我们有太多失去，又有太多收获。如果我们害怕失去，继续陷入斗鸡博弈的困境中，那我们将会失去更多。而如果我们及时抽身退出，坦然面对小小的损失，就很有可能获得更多。

作为美国四大推销大师之一的汤姆·霍金斯，从小父亲对他的期望就很高。当他花掉了父亲毕生所有的积蓄，从律师学校休学回家时，父亲失望得痛哭流涕，说："汤姆，你太令我失望了，我看你这辈子很难取得成功了。"

休学后的汤姆并不甘心就这样失去在父亲心中的地位，更不甘心就这样两手空空地从学校回到家，他决心一定要闯出个样儿来！这个时候，他不再去继续死咬着律师这个职业不放，而是坦然地丢掉这个专业，选择了房地产推销这个行业，并激励自己说："我要用我的勤奋，赢得我想要的成功。"

汤姆果然工作起来不分白天黑夜，像个"工作狂"。他每个月的拜访量是其他推销员的10倍之多。几年下来，他得到了全美国房地产销售冠军的称号，乘上了劳斯莱斯轿车环游世界。

当有人问他是什么原因让他取得成功时，汤姆说："支持我走到今天的秘诀只有一条：不怕失去，勤奋进取，坚持到底。"

在人生的旅途中，你每走一步，都是一场博弈。不管这场博弈是失去了利益还是得到了利益，你都应该坦然、坚强地面对。要始终相信，小损失获得大利益。

不要过早地亮出底牌

◆ **关键词：** 底牌

◆ **重要概念：** 博弈过程中，千万不要过早地将自己的底牌亮出去，因为这样做，你很有可能会在以后的交战中失败。

◆ **精彩案例：** 李渊的隐忍　可口可乐公司底牌亮相

无数个博弈高手告诉我们：博弈过程中，千万不要过早地将自己的底牌亮出去，因为这样做，你很有可能会在以后的交战中失败。

隋朝的时候，隋炀帝残暴无道，各地农民纷纷揭竿而起，隋朝的许多官员因看不惯炀帝暴行而纷纷倒戈，帮助农民起义军。这一时期，隋炀帝的疑心很重，对朝中大臣，尤其是外藩重臣，更是易起疑心。若得知谁有风吹草动，定会杀无赦。

此时，唐国公李渊(即唐高祖)颇有声望，他曾多次担任中央和地方官，所到之处，悉心结纳当地的英雄豪杰，多方树立恩德，因而许多人都来归附。眼看李渊的势力一天天大起来，大家都替他担心，怕遭到隋炀帝的猜忌。正在这时，对李渊势力略有耳闻的隋炀帝下诏让他去行宫晋见。李渊感到不妙，幸好疾病缠身，所以推辞不去。隋炀帝知道后大怒，开始对他产生了猜疑之心。当时，李渊的外甥女王氏是隋炀帝的妃子，隋炀帝便向她问起李渊的近况，王氏回答说李渊病重，隋炀帝又问道："会死吗？"显然，此时的隋炀帝已经对李渊没有好意了。

王氏悄悄地把这消息传给了李渊，李渊也怕炀帝此时对付他，因为以他现在的实力，还不足以抵抗隋炀帝的军队。为了安全起见，李渊只好故意败坏自己的名声，佯装整天沉湎于声色犬马之中，而且大肆张扬。其实他这样做的目的，是为了隐忍等待时机，等待自己的实力强大了，一定会掀翻隋炀帝的统治。李渊的行为又传到了隋炀帝那里，他果然放松了对李渊的警惕。之后，李渊暗自养兵，后来起兵讨隋，建立了大唐。

可见，克制、不过早亮出底牌，是博弈的一大智慧。俗话说"小不忍，则乱大谋"就是这个道理。不仅是个人，即便是信息社会高速发展的今天，"不过早亮出底牌"也还是企业出奇制胜的关键。

20世纪80年代，随着百事可乐的突起，可口可乐庞大的世界市场受到了冲击。正当人们对这两大饮料体系的博弈评头论足时，1986年4月，产品已行销130个国家和地区的美国可口可乐公司突然宣布了一条震惊世人的消息，它宣称要改变沿用了长达99年的老配方，并声称新配方是公司为迎接百年大庆，费时3年，耗资500万美元，进行了20多万人口味调查和饮用试验研制出的新产品。此消息一出，一时间轰动美国。

可口可乐公司改变配方的决定宣布后，人们很快做出了反应，不少人认为，这可能就是可口可乐与百事竞争的底牌，而这张底牌实质上是愚蠢的，因为人们对老牌可口可乐的热爱是无法替代的，如果老口味被新产品代替，人们一定会感到惋惜，而不会对购买新产品产生多大的兴趣。一时之间，可口可乐公司每天都要收到大量表示抗议的电话和信件。有一个叫凯伦·威尔逊的人还组织了一个"全国老可口可乐饮户协会"，甚至还在纽约的联合广场举行了一次抗议生产新可口可乐的游行示威。一些经销可口可乐的商店也因销量下降而拒绝再经销。

令人大惑不解的是，可口可乐公司对广大顾客的抗议浪潮表现出的却是满不在乎，这更加激起了人们的愤怒。南卡罗来纳州竟有人组织起来向法院提出上诉：网球、热狗、可口可乐已成为美国生活方式的象征，任何公司和个人都无权对其进行改变，请求法庭给可口可乐公司以制裁。

这时，可口可乐公司的董事长乔治才于1986年7月10日宣布：为了既尊重老顾客的意见，又考虑到新顾客的需要，公司决定恢复老配方的生产，并命名为“古典可口可乐”；同时，标有“新可口可乐”字样的新产品仍旧继续生产。

这一消息传出后，各地的可口可乐爱好者如释重负，欢欣鼓舞，纷纷狂饮老可口可乐；与此同时，尝试和喜欢新可口可乐的人也不断增多。因此在美国和其他地区，可口可乐的销售量进一步迅猛上升，公司发行的股票很快就上涨了2.57美元。

我们从以上叙述中都能够看出，经过这么一番折腾，可口可乐的“销售量进一步迅猛上升”，“股票上涨了2.75美元”，这可不是什么误打误撞，瞎猫碰上了死耗子，这是可口可乐公司精心策划的事件。如果可口可乐在人们抱怨不断时亮出此次策划的底牌，那么人们的反应肯定不会有如此强烈，人们对可口可乐的关注也不会那么集中。直到最后整个事件达到最高潮——人们组织起来向法院提出上诉，请求法庭给可口可乐公司以制裁时，可口可乐才抛出了这张保留老品牌的底牌。

可见，人与人，企业与企业，在博弈的过程中，都应学会隐忍，将底牌留到最后，只有这样，才能创造出奇制胜的轰动效应。

不战而屈人之兵

◆ **关键词：** 不战而屈人之兵

◆ **重要概念：** 在对局博弈中固然要强硬，由此而获胜也是有胆有识的表现，但这其实并不算是最上策，正像孙子所说，只有“不战而屈人之兵”才是最上策。

◆ **精彩案例：** 诸葛亮不战而屈人之兵　希尔顿巧借他人之力

一般来说，在对局博弈中态度与策略固然要强硬，由此而获胜也是有胆有识的表现，但这其实并不算是最上策，正像孙子所说，只有“不战而屈人之兵”才是最上策。

东汉末年，天下大乱，群雄纷争，曹操、刘备、孙权形成三方博弈的局势！其中，曹操挟天子以令诸侯，打败袁绍军队，占领青州、冀州、幽州、并州，控制了北方，是当时中国最大的一股力量。

建安十三年夏历九月，曹操率兵大举南征，志在荆州。当时，荆州刺史刘表刚死，由其次子刘琮继位。由于刘琮畏惧曹军势力庞大，所以不战而降。而这时正寄身在荆州新野县的刘备等人，听说刘琮投降，急忙率领军民逃离荆州。不料曹操派兵一路追击，先在当阳、长阪大败刘备，并乘势占领江陵。刘备逃到夏口，曹操准备从江陵顺江东下，一举消灭刘备残军，乘势攻取孙权统治的东吴。

此时，刘备唯一的方法，就是设法与正在观望的孙权联手抗曹。于是，刘备命军师诸葛亮前往东吴求援。

此刻，刘备、曹操、孙权三人的博弈关键点便转变成了诸葛亮与孙权二人的博弈。

孙权一见到诸葛亮，劈头就问："先生来东吴，是因为刘备被曹操逼得无路可走了吧？"

诸葛亮答道："我来不仅是为了刘皇叔，也是为了您东吴的安全。"

孙权故作惊讶地问："此话怎讲？"

诸葛亮说："自从海内大乱，将军您起兵占据江东，刘皇叔亦收江南之众，共同和曹操并争天下。如今，曹操平定北方，南下荆州，力图威震四海。既然荆州已失，刘皇叔英雄无用武之地，遁走夏口。如果曹操大军从江陵东下，攻占了夏口，下一个目标便是东吴。"

孙权说："那么先生认为我应该如何处理？"

诸葛亮答道："将军可量力而为。如果您认为吴、越之众能与曹操相抗衡，就应该和他断绝一切联系，并下定决心抗击曹军；如果您认为无力和曹操对抗，那就不如放下武器，向他投降称臣。现在将军是表面上假装服从他，但内心又迟疑不定。事情已如此紧迫，如果还不做出决断，恐怕祸患立即就要来临了！"

孙权反问道："如果像你所说，那么兵微将寡的刘备为何不对曹操称臣呢？"

诸葛亮说："从前，田横只是齐国的一名壮士，他尚且不肯对汉高祖称臣，何况刘皇叔是英才盖世、天下仰慕的汉室后裔呢？他怎么可能会向曹操称臣！"

诸葛亮一番得体的话，正是针对具有强烈自尊心的孙权所说。

由于孙权一向以英雄自居，如果他投降曹操，还算什么英雄？即使众人再仰慕他，他又如何争夺天下？本来三家争雄，曹操势大，刘备却依然不降，保持了英雄本色。如果孙权投降了，则与刘备不能相比，而这是孙权万万不能接受的事情。再加上一经诸葛亮如此煽动，孙权的自尊心便膨胀起来，勃然色变，当即表态："刘备败军还不投降，我堂堂东吴大将，又怎能让东吴的土地和十万兵马受人控制呢！我意已决，更无他疑，必联合抗曹！但是，刘备刚刚吃了败仗，能担当如此重任吗？"

诸葛亮看到激将法将要成功，立刻分析形势，引导孙权进行抗曹。他接着说："刘皇叔虽然在长阪兵败，但士兵已陆续回来，加上关羽的水军，合计有精兵万人。同时，刘表长子刘琦也有万名士兵，愿意听从刘皇叔的调遣。反观曹军，虽号称80万，实际只有十几万人。曹军远道而来，又不断苦追刘皇叔，早已是疲惫不堪，可谓是'强弩之末'。按兵法说，这种情况会使曹军心理遭受挫折。再说，北方士兵不习惯水战，而荆州降兵也只是迫于曹军威势而投降，并非心悦诚服，肯定不会替曹操卖命。所以将军若能派遣猛将，统率数万精兵，一起和刘皇叔协力作战，必可打败曹军！只要曹军一败，必定引军回北方。如此一来，荆州和东吴不仅可以保全，还能发展势力，与北方的曹操形成鼎足之势。至于最终是成是败，现在就完全取决于您了！"

听完诸葛亮的分析，孙权大喜，派周瑜、程普、鲁肃等大将率领三万水军，随同诸葛亮至夏口，会合刘备的军队联合抗曹。随后，爆发了三国时期最著名的战争之一——赤壁之战！赤壁一战后，立足荆州的刘备建立了蜀汉政权，和北方的曹魏、东面的孙吴，形成了三分天下、鼎足而立之势。

诸葛亮之所以能取得成功，在于他以巧妙含蓄的方式使用了激将法作为博弈策略，除了触动孙权的自尊心外，也激发了他自爱、虚荣、竞争、好胜的情感，同时还引发了战斗热情，进而诱导他按照自己既定的意图行事，最终达到了预期的目的——不战而屈人之兵，以最小的成本获取最大的成功。

其实，生活中博弈的场合尽管不同，道理却是相同的，目的都是以最小的成本获取最大的成功，也就是成本效益原则。有时候，我们在博弈过程中还可以巧借他人一臂之力，达到利益最大化。

第一次世界大战后，退伍回家的希尔顿，在得克萨斯州寻求发财门路。他买下莫希利旅店，从此翻开了希尔顿饭店王国的第一页。刚刚起步时，资金缺乏，举步维艰。在修建达拉斯的希尔顿饭店时，他十分困难，饭店建筑费需要100万美元！希尔顿灵机一动，他找到卖地皮给他的房地产商人杜德，威胁利诱，说服了杜德按他的要求将饭店盖好。然后由希尔顿出钱买下，而且还是分期付款。

杜德之所以答应希尔顿的条件，是希尔顿威胁利诱的结果："如果我的房子停工待料，附近的地皮价一定会大大下降；假如我再宣传一下，说饭店停工是因为位置不好而另选新址，那你的地皮可就卖不了好价钱了。"杜德无可奈何，接受了希尔顿的条件。1925年，希尔顿饭店如期竣工，从此希尔顿的饭店王国蒸蒸日上。

希尔顿在资金匮乏、进退维谷的两难困境中，能巧借他人之力，从博弈的角度出发，"不战而屈人之兵"，可谓成功者的典范。

后发制人的博弈法则

◆ **关键词：** 后发制人

◆ **重要概念：** 在没有摸清对方的实力以及其他信息时，我们最好沉住气，或是敲山震虎，等对方先行动或露出马脚，然后摸清对手的底细，后发制人，一举拿下对方，将博弈利益最大化。

◆ **精彩案例：** 日本松下电器

设局需要谋略，而控局则是艺术。控局的核心便是找准对方弱点，一举将对方击破。有时候，我们不妨等对方先出招，让其暴露弱点，再重拳出击、后发制人。实际上，后发制人就是等对方先动手，再抓住有利时机反击，制服对方。在博弈中，我们经常遇到后发制人的现象。

遇到难以应付的对手，我们总是想逃避，离得越远越好。这种想法如果占据你的心灵，那你就永远无法消除畏惧的意识。而解决的办法之一，就是先发制人。但这并不是说，什么事情都不分青红皂白，一律采用“先发制人”的手段和方式。因为这种手段无论在事业还是在生活上，很容易得罪人，对自己造成不利。有时候，后发制人，也能起到出奇制胜的效果。

日本松下电器公司的创始人松下幸之助，在创业之初由于资金和设备有限，如自己研制生产新产品，不仅时间长，费用也特别多，对于他来说很不现实。于是他专门分析竞争对手的新产品，并在此基础上，取长补短，最终使自己的产品质量和性能比所仿制的产品更臻完善。

放像机本是索尼制造的，特别是索尼公司的“贝塔马克斯”放像机刚上市的时候，销售非常火爆。于是，松下也决定生产这种产品，经过市场调查了解到，消费者希望放像机放映时间更长一些，体积小一些，重量轻一点。于是松下公司在“贝塔马克斯”的基础上，迅速推出了放映时间长、体积小、重量轻，而且价格低的新产品。松下的产品一经推出，就以绝对的优势压倒了“贝塔马克斯”，为松下公司赚得了巨额利润。

松下幸之助正是使用这种后发制人的策略，使自己的公司在与众多强大的对手的竞争中立于不败之地。

商场如此，赛场也如此。生活中我们看到很多比赛，比如足球、篮球、排球等，都出现过无数后发制人的例子。

记得一次看台球王子丁俊晖与莫非的比赛，当时着实替丁俊晖捏了一把汗。尽管他已连丢三局，但仍不慌张，平静地寻找着每一个机会，最终后发制人，扳回战局，赢得比赛。

2008年北京奥运会上，中国女排对战古巴女排一样惊心动魄。只可惜的是，中国女排的姑娘们在顽强的拼搏后，输给了劲敌古巴队。当时，中国女排连赢两局，本来以为胜利在握，姑娘们也似乎越打越顺。但是古巴队毕竟是世界强队，她们本不会轻易输掉比赛。在两局的惨败中，她们不时地寻找着战局的突破口，不时地寻找着中国队的破绽，第三局开始，她们就开始后发制人，越打越顺，最终扳回比分，赢得了比赛。

尽管我们为中国女排的姑娘们遗憾，但是我们不难看到，古巴队姑娘们的坚持和勇气，特别是后发制人的博弈策略，是那样值得我们学习。

现实生活中，有时候，针锋相对的结果，只能是两败俱伤。而适当退让，不仅可以海阔天空，还可以为你的后发制人打下基础。

其实，很多时候，在没有摸清对方的实力以及其他信息时，我们最好沉住气，等对方先行动或露出马脚，然后摸清对手的底细，后发制人，一举拿下对方，将博弈利益最大化。

冲出困境——寻找博弈的突破口

◆ **关键词：** 突破口

◆ **重要概念：** 博弈过程本来就不过是一种日常现象。只要我们懂得如何运用它，在遇到困境的时候，就一定能找到突破口，从而脱颖而出，迈向成功。

◆ **精彩案例：** 爱迪生测量灯泡体积　口香糖的问世

在博弈中，我们经常遇到一些不开窍的时候，越是快接近成功就会越容易陷入困境不能自拔。这个时候，我们应该理顺思路，换一种博弈方法，寻找一个新的突破口。

普林斯顿大学有一个著名的高材生叫作阿普顿，阿普顿毕业后被安排在爱迪生身边工作，初到爱迪生身边时，他对依靠自学而没有文凭的爱迪生很不以为然。

一次，爱迪生要阿普顿算出梨形玻璃泡的容积，阿普顿点点头，想：这么简单的事一会儿就行了。只见他拿来梨形玻璃泡，用尺上下量了几遍，再按照式样在纸上画好草图，列出了一道算式，算来算去，算得满头大汗仍没算出来。一连换了几十个公式，还是没结果，阿普顿急得满脸通红，狼狈不堪。

爱迪生在实验室等了很久，觉得奇怪，便走到阿普顿的工作间，看到几张白纸上密密麻麻的算式，便笑笑说："您这样计算太浪费时间了。”

只见爱迪生将一杯水倒进玻璃泡内，交给阿普顿说：“再找个量筒来就知道答案了。”阿普顿茅塞顿开，终于对爱迪生敬服，最后成为爱迪生事业上的好助手。

有时候，科学并不一定意味着烦琐的计算与测量，而是一种有浓厚生活气息的思维方式。就好比博弈一样，他看似复杂，其实只要我们换一种方式思考，它也是非常简单有趣的。我想，爱迪生之所以能成功地拥有那么多项发明，一定与他的博弈方法有关。

最理想化的博弈，其实就是用游戏思维来突破看似无法改变的局面，解决现实的严肃问题的策略。在博弈中，每个参与者都在特定条件下争取其最大利益，强者未必胜券在握，弱者也未必永无出头之日，因为在博弈中，特别是多个参与者的博弈中，结果不仅取决于参与者的实力与策略，而且还取决于其他参与者的制约和策略。

美国人里力刚推出口香糖的时候，很少有人问津。不仅如此，他还遭遇到了其他商家的排挤，生意受到重重阻碍。当时，摆在里力面前就有两个选择，第一是继续推出口香糖，这样有可能长期深陷困境，也有可能峰回路转；第二是放弃口香糖的推出，这样的结果就是前功尽弃，而且前途未卜。可见，在这场博弈中，里力是进退两难，最终，他决定选择前者，继续推出口香糖，但不再跟从以往的营销思路，而是重新寻找市场的突破口。因为他认为，只有这样才能冲出困境。

后来，里力在试销中发现，喜欢购买口香糖的顾客大部分是儿童，于是寻找有孩子的家庭，并每天为他们免费送上3块口香糖。这样的免费赠送坚持了一个星期，送了150万户，共450万块口香糖。

一周以后，孩子们吃完里力赠送的口香糖，都吵着还要吃。家长们只好顺从孩子的心意再去商店购买。

里力还大力宣传，经常咀嚼口香糖对牙龈有好处，可以适当缓解牙齿松动，并且对于那些连洗脸刷牙的时间都很宝贵的上班族来说，偶尔嚼口香糖还可以临时代替刷牙，祛除口臭。总之，他让大家知道了口香糖的更多好处。

这样一来，销售群体扩大了，无论男女老少都爱买他的口香糖。

口香糖的销路打开以后，里力又开始宣传回收口香糖纸："只要顾客送回一定数量的口香糖纸，便能得到一块口香糖。"

这不仅可以为产品做宣传，而且也为环保事业做了贡献，人们纷纷响应。

如今，口香糖已经畅销世界。

可见，博弈过程本来就不过是一种日常现象。只要我们懂得如何运用它，在遇到困境的时候，就一定能找到突破口，从而脱颖而出，迈向成功。

智猪博弈和搭便车——成功有捷径可走吗

◆ **关键词**：搭便车

◆ **重要概念**：搭便车理论首先由美国经济学家曼柯·奥尔逊提出的，后被运用到博弈论中，其基本含义是不付成本而坐享他人之利。

◆ **精彩案例**：智猪博弈　团队合作中的搭便车

1965年，美国经济学家曼柯·奥尔逊出版了《集体行动的逻辑：公共利益和团体理论》(The Logic of Collective Action Public Goods and the Theory of Groups)一书，书中提出了一个“搭便车”的策略，其基本含义是不付成本而坐享他人之利。

实际上，现实生活中，有很多搭便车的例子。而不少学者也将搭便车与智猪博弈联系起来。

我们先来看什么是智猪博弈与搭便车行为吧。

一家农户的猪圈里面养了两头猪，一头大猪，一头小猪。猪圈的一头有个按钮，另一头则是饲料的出口和食槽。一般情况下，只要按一下按钮，将会有相当于10个单位的猪食进槽，但虽说只是按一下按钮，其实“按一下”也是需要付出劳动的：要消耗2个单位的猪食。

还有一个问题：按钮和食槽分置在猪圈的两端，当付出劳动按按钮的猪跑到食槽的时候，那只偷懒、坐享其成的猪早已吃了不少食物。如果大猪先到，大猪吃到9个单位，小猪吃到1个单位；如果同时到，大猪吃到7个单位，小猪吃到3个单位；如果小猪先到，小猪吃到4个单位，大猪吃到6个单位。

也就是说，“等待”是小猪的优势策略，“按按钮”是小猪的劣势策略，先把小猪的劣势策略消掉，那“等待”就成了大猪的劣势策略（注意，现在才变成劣势策略），把这一劣势策略也删去，就得到博弈的结果：小猪坐享其成、搭便车，每次都是大猪去按按钮，小猪先吃，大猪再来吃。

这里，估计会有人为大猪打抱不平。实际上，现实生活中有太多的坐享其成、搭便车的行为，特别是在团队合作中，这种行为尤其多。而且，在某些时候，坐享其成、搭便车是一种让团队走向成功的捷径！

比如企业或厂家，就经常采用搭便车策略，一些弱势产品跟进强势产品，借力“铺货”，最大限度地扫除新产品进入市场的障碍，使新产品快速抵达渠道的终端，从而尽快面对消费者。而对那些没有强大实力的弱势产品而言，搭强势品牌的“广告便车”就是一条最好不过又切实可行的策略。我们来看这样一个例子：

某感冒药，在成功发挥优势、深入人心的时候，厂家趁机推出了该品牌的“小儿”版，其实这“小儿”版的药真的有实力吗？未必，只不过它搭了便车。

再来看图书。爱书的朋友不难发现，如果市场上有一本书卖得很火爆，那么不多日，就会有同名、或是同系列的不同版本跟进，搭个便车，顺便捞点钱。

这样来理解，我们就知道，其实成功的捷径有很多，只要不违反法律法规，搭个便车其实很必要的。但并不是只要采取搭便车策略就会取得成功，在特定的时候，搭便车的策略还会导致糟糕的结果。

我们再来看这样一个例子，假如你与一个伙伴合作去完成一项任务。这个任务的完成不仅取决于你和伙伴的努力，还取决于“运气”。我们先来做一个假设：如果你们两人都努力，有80%的概率成功而获得收入100元，有20%的概率失败而只能得到0元。你们两人中只有一人努力，则有50%的概率成功获得100元，有50%的概率失败只能获得0元。如果你们两人都不努力，都寄希望于对方，则只有20%的概率成功获得100元，有80%的概率失败只能获得0元。

此时，我们再来做一个假设：若每个人努力的话，则需要付出努力成本20元，不努力则付出成本为0元；对于合作利益的分配，是平均分配(因为不知道谁的贡献更大)，任务成功每人可分得50元，失败则只能得到0元。这样一来，我们就可以计算出每个人在各种情况下的预期净赢利。即：本来大家都努力是最好的结果，但是因为大家都有坐享其成、搭便车的心理，最终导致了大家都不努力这一糟糕的结果。

当然，也有可能你们能够相互达成协议：大家都要努力。但是这个协议实施起来非常难！因为你会想，对方是不是真的会努力呢？不管他努力不努力我都不可能知道的(因为即使知道结果是100或0，也无法判断对方是否努力)，既然不努力对他更好，这让我怎么能相信他会努力呢？除非他是一个白痴。当然，既然你都这样想，那此时你的伙伴也会有跟你一样的想法和顾虑。总之，大家的心里都拿着一个小算盘。

我们再来分析，既然彼此心里都揣着一个小算盘，那就证明你们彼此都很清楚对方心中的想法，所以你们之间的信任非常脆弱，甚至根本没有信任，而没有信任的结果是大家都会选择不努力。即便博弈重复很多次，也难以避免搭便车的行为，最终的结果依然是很糟糕的。

但是，如果把这个例子稍微改变一下，就会有不同的结果：如果你们都努力，则一定会产出100，每人分50，而如果一人努力、一人不努力则产出50，每人分25，都不努力则产出0。此时，确立一个两人都努力的协议也是可以实施的。比如可以确立这样一个协议：如果谁不努力，就罚谁的款10元；如果不能判断或无法区别谁不努力，但只要有人不努力，就各罚款5元。此时，确定性产出价值将揭示努力的信号：如果产出100，则每个人都知道彼此都已努力；如果产出0，则每个人都知道对方没有努力，两个不努力者均被罚款10元；如果产出50，则必有一方没有努力，他们彼此知道谁没有努力，但是监督协议实施的第三方无法判断谁没有努力，于是对每人罚款5元。这样一来，努力便成为了每个人的占优策略。

通过上述例子，我们可以得出这样的结论：搭便车的行为之所以存在，正是因为团队产出具有不确定性，使得搭便车的人可以将自己卸责行为的不良后果归结为“运气”不好所致，甚至可以归结给团队中的某一人；所以，这些人就会在工作中不努力。但是当产出确定时，有时候可以通过产出来判断人们的行为选择，这样责任归结就会稍稍透明，这时通过签署协议可以避免有人选择不努力。但这是在人很少的情况下才比较容易做到的。一旦团队成员很多，这样的监督或协议就很难实施。

也就是说，一个企业或者一个团队，当成员并不多的时候，采用搭便车的策略可能是一个走向成功的捷径。而一旦成员很多，采用搭便车的策略显然就可能导致大家都不努力，最终造成偏离成功的方向。实际上，无论成功有没有捷径可走，我们都应该学会耐心，做一个耐心的垂钓者，坚持不懈，就一定会得到长久的成功。即便是有一条通往成功的捷径，也需要你耐心地走完，哪怕只有几百米！